配电电缆
实训技能教材

PEIDIAN DIANLAN
SHIXUN JINENG JIAOCAI

国网宁夏电力有限公司培训中心　组编

中国电力出版社
CHINA ELECTRIC POWER PRESS

内 容 提 要

本书主要内容包括 10kV 电缆熔接中间头制作技术、10kV 电缆冷缩中间头制作技术、10kV 电缆冷缩终端头制作技术、0.4kV 电缆冷缩中间头制作技术、0.4kV 电缆冷缩终端头制作技术、10kV 电缆故障测试技术、10kV 电缆路径查找技术、10kV 电缆识别技术、10kV 电缆超低频介损测试技术、10kV 电缆振荡波局放测试技术十章，每一章包括作业梗概、操作过程、安全措施及注意事项三小节内容及相应的思考与练习，以细化的理论知识和实操标准，帮助配电电缆作业人员标准化、规范化开展业务工作。

本书可作为电力企业配电电缆作业人员技能提升培训教材。

图书在版编目（CIP）数据

配电电缆实训技能教材 / 国网宁夏电力有限公司培训中心组编 .
—北京：中国电力出版社，2023.10
ISBN 978-7-5198-8920-3

Ⅰ .①配… Ⅱ .①国… Ⅲ .①配电线路－电缆－工程施工－技术
培训－教材 Ⅳ .① TM726.4

中国国家版本馆 CIP 数据核字（2024）第 099026 号

出版发行：中国电力出版社
地　　址：北京市东城区北京站西街 19 号（邮政编码 100005）
网　　址：http://www.cepp.sgcc.com.cn
责任编辑：冯宁宁（010-63412537）
责任校对：黄　蓓　常燕昆
装帧设计：郝晓燕
责任印制：吴　迪

印　　刷：北京盛通印刷股份有限公司
版　　次：2023 年 10 月第一版
印　　次：2023 年 10 月北京第一次印刷
开　　本：787 毫米 ×1092 毫米　16 开本
印　　张：17.75
字　　数：342 千字
定　　价：108.00 元

编委会

前　言

我国电力行业壮大发展，推动了社会经济的进步，在这样的环境背景下，电力市场竞争日益激烈化。而电力企业提高自身的作业技术，尤其是电缆线路的运行过程中对于电缆长周期安全运行要求目标的实现，成为当下电力企业的重要指标。为增强配电电缆作业人员队伍整体技能水平，以提升配电电缆作业精益化、标准化管理水平，本书以实操技能为主，与宁夏电力公司实际工作情景相结合，针对配电电缆作业中常用且难度较高的技术进行实操讲解，让配电电缆作业人员在情境交互中自发地学习，以快速提高配电电缆作业人员能力水平。

出版本书的目的，一是为配电电缆作业人员提供标准化实操方法及流程，帮助配电电缆作业人员快速掌握配电电缆作业中常用且难度较高的技术；二是提供可读性、趣味性及实用性较高的教材内容，以提升配电电缆作业人员学习积极性，增强配电电缆作业队伍整体技能水平。本书是以场景化为导向的配电电缆实操技能提升工具书，聚焦配电电缆作业人员实际工作任务场景，围绕清晰简洁、引人入胜、抓住重点的原则进行编写。

本书主要内容包括 10kV 电缆熔接中间头制作技术、10kV 电缆冷缩中间头制作技术、10kV 电缆冷缩终端头制作技术、0.4kV 电缆冷缩中间头制作技术、0.4kV 电缆冷缩终端头制作技术、10kV 电缆故障测试技术、10kV 电缆路径查找技术、10kV 电缆识别技术、10kV 电缆超低频介损测试技术、10kV 电缆振荡波局放测试技术十章，每一章包括作业梗概、操作过程、安全措施及注意事项三小节内容及相应的思考与练习，以细化理论知识和实操标准，帮助配电电缆作业人员标准化、规范化开展业务工作。本书可作为电力企业配电电缆作业人员技能提升培训教材。

本书由国网宁夏电力有限公司培训中心组编。本书的完成得到编委会全体同志和公司内有关单位、专家和同事的大力支持与帮助，深表感谢；对本书引用或参考的著作及文献作者，深表感谢！

本书在策划编写过程中，限于作者水平，加之时间紧张，难免存在遗漏之处，敬请读者批评指正！

编者

2023 年 5 月

目录

第一章　10kV 电缆熔接中间头制作技术

第一节　作业梗概

一、人员组合

本项目需 3 人，具体分工见表 1-1。

表 1-1　　　　　　　　　　　　人员具体分工

人员分工	人数 / 人
监护人	1
操作人	2

二、主要工器具及材料

主要工器具及材料见表 1-2。

表 1-2　　　　　　　　　　主要工器具及材料

序号	工器具名称		参考图	规格型号或检验周期	数量	备注
1	个人工具	安全帽		塑料安全帽，检验每年一次，超过 30 个月应报废；每次使用前须检查	3 顶	
2	仪表	绝缘电阻表		2500V 绝缘电阻表检验周期 5 年	1 块	

（续表）

序号	工器具名称		参考图	规格型号或检验周期	数量	备注
3	工器具	绝缘手套		10kV，每 6 个月试验 1 次		
4	工具	冷风机		吹风机 H700 一体式	1 个	
5	工具	角磨机		角磨机 JM-500	1 台	
6	设备	加热控制器		10kV 热熔设备	1 台	
7	工具	电缆制作组合工具		10kV	1 套	
8	工具	钢锯		1 套	2 把	

（续表）

序号	工器具名称		参考图	规格型号或检验周期	数量	备注
9	卡尺	游标卡尺		SYNTEK500-2	1 把	
10	工具	锉刀		粗细	1 套	
11	工具	电工刀		小型	2 把	
12	工具	剥缆工具		小型	1 把	
13	材料	电缆		10kV YJLV22 电缆，每根不短于 2.5m	2 根	
14	材料	电缆附件		10kV 50mm² 电缆中间头附件	1 套	

（续表）

序号	工器具名称		参考图	规格型号或检验周期	数量	备注
15	标志牌	电缆制作标志牌		禁止标志牌、指示标志牌	2块	
16	安全工具	围栏		安全围栏	5套	
17	工具	防护眼镜		具有保护人员眼部不受灼伤的功能	1副	

第二节　操作过程

一、作业前准备

1. 准备着装及防护

（1）安全帽和着装：对安全帽外观检查无误后整体着装穿戴正确。

（2）安全帽：检查并佩戴安全帽，安全帽在检验有效期内，外表完整、光洁；帽内缓冲带、帽带齐全无损，外观无破损、松紧适合，耐 40~120℃高温不变形；耐水、耐油、耐化学反应；腐蚀性良好；可抵抗 3kg 的钢球从 5m 高处垂直坠落的冲击力；每年试验 1 次，安全帽三叉帽带系在耳朵前后并系紧下颌带。

（3）工作服：现场穿着全棉长袖工作服，扣好衣扣、袖扣、无错扣、漏扣、掉扣、无破损，穿着大小适宜见图 1-1 所示。

（4）戴手套、穿绝缘鞋：戴线手套、穿合格绝缘鞋，绝缘手套须载明试验周期并在周期内，鞋带绑扎整齐，无安全隐患。

（5）防护服：在熔接过程中需要穿好防护服，防护服用不燃烧布料制作，为防火不燃材料，以防止点燃焊接粉燃烧喷出伤害人体面部。

（6）防护眼镜：使用优质透明塑料制作，用于防御强烈火焰或者强光对人体眼部造成的伤害。

图 1-1　着装正确，工器具摆放有序

2. 准备工器具及材料

（1）作业需要用到的工器具：电工刀、剥切电缆刀具、尖嘴钳、一字螺钉旋具、钢直尺、游标卡尺、手锯、锉刀、抹布各 1 套；绝缘电阻表；材料有 10kV 交联聚乙烯电缆、10kV 冷缩电缆附件，冷缩电缆中间头附件安装说明书 1 份；熔接粉 1 袋，加热控制器、冷却器各 1 套，熔接模具 1 套，老虎钳 1 台，角磨机 1 台，水泵 1 套，插线板 1 台，鼓风机 1 台，安全围栏。如图 1-2、图 1-3 所示。

图 1-2　组合工器具（一）

图 1-2　组合工器具（二）

图 1-3　各类组合材料

（2）选择电缆熔接中间头制作所用工器具材料并检验合格。工作所需工器具、仪表试验标签、鼓风机、冷却机、模具、熔接器、加热控制器等外观逐一检查良好，无明显损坏情形，能正常使用；绝缘电阻表短路、开路试验现场检查合格，绝缘手套充气试验检查合格，符合现场安全工作要求（见图 1-4）。

图 1-4　工器具及仪表检查

（3）电缆本体检查：检查电缆型号、生产厂家、生产日期、出厂日期、实验报告、合格证，使用游标卡尺检查电缆是否偏心，线芯是否符合规格，电缆外护套是否有沙眼，电缆端头是否有杂质和潮湿的空气进入，如图 1-5 所示。

图 1-5　电缆附件开箱检查

（4）下料选取：选取 2 根 10kV YJLV 22~50mm^2 电缆，每根长度不短于 2.5m，要求电缆外护套表面无损伤，电缆本体顺直、无明显弯曲，电缆外表无灰尘异物等（见图 1-6）。不满足要求时，需要对电缆进行校直或表面擦拭清洁，满足电缆中间头制作的基本要求（见图 1-7）。

图 1-6　电缆附件

图 1-7　选取电缆

3. 现场勘察及检查安全措施

（1）现场勘察内容：作业开始前，为保证现场安全，需要工作票签发人或工作负责人认为有必要现场勘察的配电检修（施工）作业；现场勘察对象：应查看检修（施工）作业需要停电的范围、保留的带电部位、装设接地线的位置、邻近线路、交叉跨越、多电源、自备电源、地下管线设施和作业现场的条件、环境及其他影响作业的危险点，并提出有针对性的安全措施和注意事项。

（2）工作地点需要停电的范围：包括检修停电设备、配合停电设备，以及防止反送电需停电的设备。保留或邻近的带电部位：保留的邻近带电部位或检修设备可能来电的部位。

（3）作业现场的条件、环境及其他危险点；需要增加的临时拉线、加固的杆塔；地下管网沟道及其他影响施工作业的设施情况等。

（4）应采取的安全措施：应装设的接地线、绝缘挡板、围栏、遮栏、标志牌及装设位置。应采用的作业方案、方法、工序、材料、施工机具等。应根据工作任务组织现场勘察，并依据现场实际情况填写现场勘察记录并办理配电第一种工作票（见图 1-8）。

记录人		勘察日期		年 月 日
勘察单位				
勘察负责人及人员				
工作任务				
重点安全注意事项				

图 1-8　现场勘察记录模板

（5）工作负责人依据现场勘察记录，办理配电第一种工作票并履行许可手续（见图 1-9）。

（6）现场勘察记录：依据现场勘察情况，如实填写勘察记录，必要时附图说明。现场勘察后，现场勘察记录应送交工作票签发人、工作负责人及工作许可人，

现 场 勘 察 记 录

勘察单位　　<u>灵州区供电公司</u>　　部门（或班组）　<u>配电运检班</u>　　编号　<u>××××××××</u>

勘察负责人　　　×××　　　　　　　勘察人员　　　　×××

勘察的线路名称或设备的双重名称（多回应注明双重名称及方位）

唐庄变 515 派可威线恐龙路 1 号环网柜 914 间隔。

工作任务［工作地点（地段）和工作内容］

1. 唐庄变 515 派可威线恐龙路 1 号环网柜 914 间隔安装电缆 T 型头。

现场勘察内容：

---

1. 工作地点需要停电的范围

唐庄变 515 派可威线恐龙路 1 号环网柜 914 间隔停电检修。

---

2. 保留的带电部位

除唐庄变 515 派可威线恐龙路 1 号环网柜 914 间隔外唐庄变 515 派可威线恐龙路 1 号环网柜其余间隔均带电运行。

---

3. 作业现场的条件、环境及其他危险点［应注明：交叉、邻近（同杆塔、并行）电力线路；多电源、自备发电情况；地下管网沟道及其他影响施工作业的设施情况］

作业现场条件：此次检修作业为 10kV 停电检修作业。

作业现场环境：庆元变 518 庆竹线启源路 3 号环网柜位于排水渠边、政府规划绿化区内。

作业现场危险点：

触电伤害：

1）反送电：新接入用户对工作地点存在反送电风险；

2）误合闸：唐庄变 515 派可威线恐龙路 1 号环网柜 914 间隔开关存在误合闸风险。

其他危险点：

1. 误入间隔

2. 误操作

---

4. 应采取的安全措施（应注明：接地线、绝缘隔板、遮栏、围栏、标示牌等装设位置）

1. 合上唐庄变 515 派可威线恐龙路 1 号环网柜 914-0 接地开关；

2. 在唐庄变 515 派可威线恐龙路 1 号环网柜进行现场布防：装设围栏、设置锥筒，悬挂"在此工作""从此进出"标识牌，设立"前方施工，减速慢行"或"前方施工，禁止通行"警示牌；

3. 工作前核对电缆标识牌，确认唐庄变 515 派可威线恐龙路 1 号环网柜 914 间隔对侧开关设备已断开并挂设接地线或加锁悬挂"禁止合闸，有人工作"标志牌；

4. 在除唐庄变 515 派可威线恐龙路 1 号环网柜 914 间隔以外的间隔挂设"运行设备"红幔布；

5. 在庆元变 518 庆竹线启源路 3 号环网柜 911 开关处挂设"禁止合闸，有人工作"标志牌；

6. 在唐庄变 515 派可威线恐龙路 1 号环网柜 914-0 接地开关处挂设"禁止分闸"标志牌。

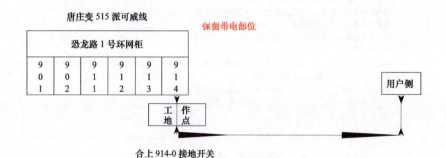

图 1-9　现场勘查草图及勘察记录

作为填写、签发工作票等的依据。

4. 办理工作票

（1）动火工作票的使用范围：在重点防火部位和存放易燃易爆场所附近及存有易燃物品的容器上使用电、气焊时，应严格执行动火工作的有关规定，按有关规定填用动火工作票，备有必要的消防器材。

本次工作为电缆熔接中间接头的制作，依据工作票适用范围，应选用动火工作票。根据动火区等级选用一、二级动火工作票（见图1-10）。

变电站一级动火工作票

单位（车间）＿＿＿＿＿＿＿＿＿ 编号＿＿＿＿＿＿＿

1. 动火工作负责人＿＿＿＿＿＿＿＿＿班组＿＿＿＿＿＿＿＿

2. 动火执行人＿＿＿＿＿＿＿＿＿＿＿＿＿＿＿＿＿＿＿＿＿＿

3. 动火地点及设备名称＿＿＿＿＿＿＿＿＿＿＿＿＿＿＿＿＿＿

＿＿＿＿＿＿＿＿＿＿＿＿＿＿＿＿＿＿＿＿＿＿＿＿＿＿＿＿＿

4. 动火工作内容（必要时可附页绘图说明）

＿＿＿＿＿＿＿＿＿＿＿＿＿＿＿＿＿＿＿＿＿＿＿＿＿＿＿＿＿

＿＿＿＿＿＿＿＿＿＿＿＿＿＿＿＿＿＿＿＿＿＿＿＿＿＿＿＿＿

5. 动火方式

动火方式可填写焊接、切割、打磨、电钻、使用喷灯等。

6. 申请动火时间

自＿＿＿年＿月＿日＿时＿分至＿＿＿年＿月＿日＿时＿分

7. （设备管理方）应采取的安全措施

＿＿＿＿＿＿＿＿＿＿＿＿＿＿＿＿＿＿＿＿＿＿＿＿＿＿＿＿＿

＿＿＿＿＿＿＿＿＿＿＿＿＿＿＿＿＿＿＿＿＿＿＿＿＿＿＿＿＿

8. （动火作业方）应采取的安全措施

＿＿＿＿＿＿＿＿＿＿＿＿＿＿＿＿＿＿＿＿＿＿＿＿＿＿＿＿＿

＿＿＿＿＿＿＿＿＿＿＿＿＿＿＿＿＿＿＿＿＿＿＿＿＿＿＿＿＿

　　动火工作票签发人签名＿＿＿ 签发日期＿＿＿年＿月＿日＿时＿分

　　（动火作业方）消防管理部门负责人签名＿＿＿＿＿＿＿＿＿＿＿

　　（动火作业方）安监部门负责人签名＿＿＿＿＿＿＿＿＿＿

　　分管生产的领导或技术负责人（总工程师）签名＿＿＿＿＿＿＿＿＿＿

9. 确认上述安全措施已全部执行

　　动火工作负责人签名＿＿＿＿＿＿＿ 运维许可人签名＿＿＿＿＿＿＿＿＿＿

　　许可时间＿＿＿年＿月＿日＿时＿分

10. 应配备的消防设施和采取的消防措施、安全措施已符合要求，可燃性、易爆气体含量或粉尘浓度测定合格。

　　（动火作业方）消防监护人签名＿＿＿＿＿＿＿＿＿＿＿＿＿＿

　　（动火作业方）安监部门负责人签名＿＿＿＿＿＿＿＿＿＿＿

　　（动火作业方）消防管理部门负责人签名＿＿＿＿＿＿＿＿＿＿

　　动火部门负责人签名＿＿＿＿＿＿＿＿＿＿＿＿＿

　　动火工作负责人签名＿＿＿＿＿＿＿＿＿ 动火执行人签名＿＿＿＿＿＿＿

　　分管生产的领导或技术负责人（总工程师）签名＿＿＿＿＿＿＿＿＿＿＿

　　许可动火时间＿＿＿年＿月＿日＿时＿分

11. 动火工作终结

　　动火工作于＿＿＿年＿月＿日＿时＿分结束，材料、工作已清理完毕，现场确无残留火种，参与现场动火工作的有关人员已全部撤离，动火工作已结束。

　　动火执行人签名＿＿＿＿＿＿＿ （动火作业方）消防监护人签名＿＿＿＿＿＿＿＿

　　动火工作负责人签名＿＿＿＿＿＿＿ 运维许可人签名＿＿＿＿＿＿＿＿＿

12. 备注

图1-10 动火工作票

（2）工作票填写要求：公司系统工作票签发人、工作负责人、工作许可人应具备相应资质并发文公布。外来人员到公司设备上工作，担任工作票签发人、工作负责人的人员应具备相应的资格，经发包部门培训考试合格后方可参加工作。

（3）工作票一般由工作负责人填写，也可由工作票签发人填写。工作票应由工作票签发人审核签发后方可执行。

（4）工作票可采用电子票或手工票，至少一式两份。需工作许可时，由工作负责人和工作许可人分别持有；不需工作许可时，由工作负责人和工作票签发人分别持有。

（5）检查现场安全措施：

1）电缆中间头热熔制作工作地点两侧断路器已断开。

2）电缆中间头热熔制作工作地点两侧隔离开关拉开。

3）电缆中间头热熔制作工作地点两侧已装设接地线，接地开关在"合"。

4）在两侧断路器、隔离开关操作把手上悬挂"禁止合闸，线路有人工作！"标志牌。

5）在工作地点周围设置围栏，面朝工作人员悬挂"止步，高压危险！"标志牌，在围栏入口处悬挂"从此进出"标志牌（见图 1-11）。

图 1-11　设置围栏、悬挂标志牌

二、作业过程

1. 召开班前会

工作负责人召集工作人员召开班前会，交代工作任务，人员分工、安全技术交底，分析作业风险并采取有针对性的预控措施（见图 1-12）。

2. 工作任务

10kV 电缆熔接中间头制作。

图1-12　召开班前会

3. 安全技术交底

工作范围在工作地点围栏内，工作按照10kV电缆冷缩中间熔接头制作标准步骤进行。

4. 作业风险分析

本次作业风险有行为危害、人身伤害、电击伤害、机械伤害共4项。

（1）行为危害：预控措施有按规定履行工作许可手续，严格执行工作报告制度；工作负责人对工作班成员进行安全技术交底。

（2）人身伤害：预控措施有电缆中间头熔接制作过程中应正确佩戴手套。刀具使用受力时不得将刀尖、刀刃朝向自己和他人，防止力量突然消失时伤人，在点燃熔接粉过程中，佩戴防护眼镜，穿防护服，防止熔剂飞溅到人体面部，伤害眼睛。

（3）电击伤害：预控措施有电缆端中间头不得直接用手接触，应使用专用的放电棒逐相充分放电后方可开始工作。

（4）机械伤害：预控措施有熔接电缆中间头时，再清除熔接两头多余部分，使用角磨机防止妨害人体手部，试用角磨机过程人员应相互配合，一人抓住电缆，另一人使用角磨机进行打磨。

5. 现场环境检查

测试仪摆放在阴凉、通风干燥、避免阳光直射的地方，工作人员进行现场温/湿度、风速检查是否符合现场制作要求。一般连续5天日平均气温低于5℃时，进入冬季施工，电缆接头制作应采取工作地点搭设帐篷等保温措施（见图1-13）。

（1）湿度：若环境湿度在75%以下，满足工作环境要求；若环境湿度超过75%时，禁止施工。

（2）风速：风速小于等于5级时满足现场环境要求；若风力超过5级严禁露天操作，需要采取防风措施。

图 1-13　现场环境检测

6. 工器具、材料摆放

工作人员将工作所需的工具、仪表、材料分类摆放整齐；工器具、材料要摆放在干净的防潮帆布上。再次检查确认各项工器具，材料规格、数量、型号，规格符合热熔技术要求（见图 1-14）。

图 1-14　工器具、材料分类摆放

7. 校直、外护套擦拭

检查电缆状态（有无受潮进水、绝缘偏心、明显的机械损伤等）；现场支撑两段电缆并校直；擦去外护套上的污迹（见图 1-15）。

（1）把需要制作电缆头的电缆段固定在制作平台夹具上，确保夹持牢固，不损伤电缆外护套。

（2）手戴工作手套将电缆支撑并校直，2.5m 范围内无明显弯曲，确保后期制作过程中三相导线线芯长度变化一致。

（3）使用湿毛巾擦去电缆外护套上的污迹，确保电缆表面清洁无明显异物。

（4）使用无水乙醇（俗称酒精）擦拭纸擦去外护套上的污迹，保证电缆外护套

图 1-15 校直、外护套擦拭

表面清洁，无导电异物或杂质。

8. 电缆断切面锯平

电缆断切面锯平。电缆在校直过程中极易造成三相导线线芯长度不一致，三相线芯锯口不在同一平面或导体切面凹凸不平，使用钢锯锯断端头 100mm，保证后期压接时长度一致，尺寸偏差符合电缆附件说明书（见图 1-16）。

(a) 三相电缆头不在一个平面   (b) 切口要"齐"

图 1-16 电缆断切面锯平

9. 剥除外护套

依据不同的电缆型号和直径，按照电缆附件技术文件标明的尺寸进行外护套剥除，要求切口平整。环切过程中切勿损坏钢铠层。对环切处钢铠层表面进行打磨处理，避免毛刺伤害人体。剥除过程中电缆外护套在端部预留 100mm 左右 1 圈，防止钢铠层松散。以本次电缆为例，剥除外护套按电缆附件技术文件标明尺寸制作即可（见图 1-17）。

一	开剥电缆

1.1 将电缆校直，剥外护套，短端剥去 700mm，长端剥去 1100mm；

1.2 留取 30mm 的钢铠，先用恒力弹簧固定，锯除后端口；（无铠电缆略过）

1.3 留取 50mm 内护层，剥去其余的内护层；（无铠电缆略过）

1.4 剥铜屏蔽层 A+50mm，剥外半导电层 A 长（A 的尺寸如下表）；铜屏蔽层断口绕两层半导电带，以防铜屏蔽散开；

1.5 在半导电层断口用刀片倒角 30°，用细砂带打磨倒角，使坡度顺利过渡到绝缘层。

注意：安装电缆接头前一定要测试电缆。

型号	50~95	120~240	300~400
适用截面 /mm²	50/70/95	120/150/185/240	300/400
A/mm	200±3	210±3	220±3

图 1–17 剥除外护套

10. 剥切钢铠

根据电缆附件技术文件图纸尺寸，对钢铠进行剥切（见图 1-18）。

一	开剥电缆

1.1 将电缆校直，剥外护套，短端剥去 700mm，长端剥去 1100mm；

1.2 留取 30mm 的钢铠，先用恒力弹簧固定，锯除后端口；（无铠电缆略过）

1.3 留取 50mm 内护层，剥去其余的内护层；（无铠电缆略过）

1.4 剥铜屏蔽层 A+50mm，剥外半导电层 A 长（A 的尺寸如下表）；铜屏蔽层断口绕两层半导电带，以防铜屏蔽散开；

1.5 在半导电层断口用刀片倒角 30°，用细砂带打磨倒角，使坡度顺利过渡到绝缘层。

注意：安装电缆接头前一定要测试电缆。

型号	50~95	120~240	300~400
适用截面 /mm²	50/70/95	120/150/185/240	300/400
A/mm	200±3	210±3	220±3

图 1–18 剥除钢铠尺寸要求

（1）按照附件说明书规定尺寸剥切钢铠。

（2）使用恒力弹簧固定钢铠，防止钢铠松散。

（3）钢铠端部及接地点使用砂纸进行打磨，除去钢铠上的氧化膜。

（4）剥切钢铠，剥切尺寸符合要求，下刀要稳，钢铠切面整齐，不松散、无毛刺尖角（见图 1-19）。

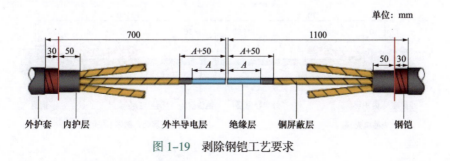

图 1–19 剥除钢铠工艺要求

剥切时不得损伤内护套；端口平整、不松散、无毛刺尖角。切除钢铠时，可以用大恒力弹簧临时将钢铠固定，防止钢铠在切除过程中松散。在钢铠上需要作钢铠接地点附近，打磨钢铠上防锈漆、氧化层，钢铠打磨结束，使用恒力弹簧固定。去除电缆钢铠层，留 30mm 钢铠做最后接地线卡接位置（见图 1-20）。

(a) 永恒力弹簧固定钢铠　　　　(b) 用钢锯锯断钢铠　　　　(c) 取下钢铠

图 1-20　剥除钢铠工艺要求

11. 剥切内护套

剥切尺寸符合要求去除电缆内护套层，剥切时下刀要稳，不得伤害铜屏蔽，并留 50mm 内护套做最后密封（见图 1-21 和图 1-22）。

一	开剥电缆
	1.1 将电缆校直，剥外护套，短端剥去 700mm，长端剥去 1100mm；
	1.2 留取 30mm 的钢铠，先用恒力弹簧固定，锯除后端口；（无铠电缆略过）
	1.3 留取 50mm 内护层，剥去其余的内护层；（无铠电缆略过）
	1.4 剥铜屏蔽层 A+50mm，剥外半导电层 A 长（A 的尺寸如下表）；铜屏蔽层断口绕两层半导电带，以防铜屏蔽散开；
	1.5 在半导电层断口用刀片倒角 30°，用细砂带打磨倒角，使坡度顺利过渡到绝缘层。

注意：安装电缆接头前一定要测试电缆。

型号	50~95	120~240	300~400
适用截面 /mm²	50/70/95	120/150/185/240	300/400
A/mm	200±3	210±3	220±3

图 1-21　内护套剥切尺寸要求

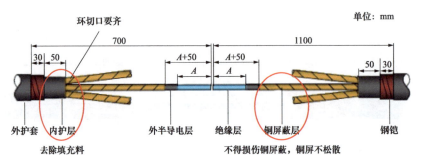

图 1-22　内护套剥切尺寸要求

12. 去除填充料

要求填充料断面平整，去除时不得损伤铜屏蔽（刀口朝外），铜屏蔽端头使用
PVC 胶带缠绕，防止不松散。切割填充物按照分类放置，暂存在干净的帆布上，
防止灰尘和杂质进入内部，以便后期恢复原状使用，环切时口平整（见图 1-23）。

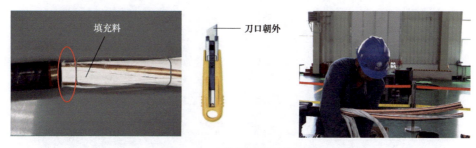

图 1-23　去除填充料工艺要求

13. 剥切铜屏蔽

剥切尺寸符合要求，在剥切处缠绕两层 PVC 胶带，防止铜屏蔽层散股。去
除电缆铜屏蔽层，电缆末端向后取 300mm，去掉铜屏蔽层，用相色带分别标注相
色。要求剥切时不得损伤外半导电层，铜屏蔽层切口时平整无毛刺，若有毛刺或尖
锐情形应及时进行打磨处理（见图 1-24 和图 1-25）。

一	开剥电缆

1.1 将电缆校直，剥外护套，短端剥去 700mm，长端剥去 1100mm；

1.2 留取 30mm 的钢铠，先用恒力弹簧固定，锯除后端口；（无铠电缆略过）

1.3 留取 50mm 内护层，剥去其余的内护层；（无铠电缆略过）

1.4 剥屏蔽层 A+50mm，剥外半导电层 A 长（A 的尺寸如下表）；铜屏蔽层
断口绕两层半导电带，以防铜屏蔽散开。

1.5 在半导电层断口用刀片倒角 30°，用细砂带打磨倒角，使坡度顺利过渡到
绝缘层。

注意：安装电缆接头前一定要测试电缆。

型号	50~95	120~240	300~400
适用截面 /mm²	50/70/95	120/150/185/240	300/400
A/mm	200±3	210±3	220±3

图 1-24　剥切铜屏蔽尺寸要求

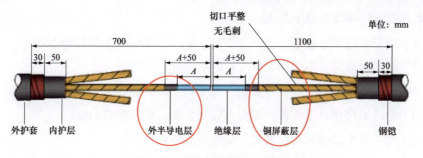

图 1-25　剥切铜屏蔽尺寸要求

14. 剥切外半导电层

外半导电层倒角成30°，剥切外半导电层，按照尺寸标准剥切时环切一周，不得损伤绝缘层，断口圆整、无气隙，倒角坡度面光滑平整（见图1-26）。

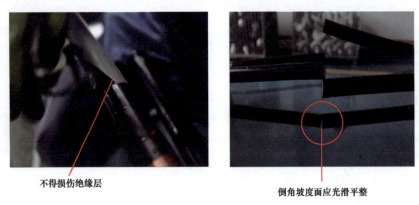

不得损伤绝缘层

倒角坡度面应光滑平整

图 1-26　剥切错误图片

在电缆运行过程中，外半导电层用来均衡主绝缘层电场，主绝缘层局部场强均衡一致，不会引发局部放电现象，能保证电缆长期安全稳定运行，因此半导电层倒角工艺对电缆接头运行寿命至关重要。对剥除完外半导电层的切口处，倒角并打磨光滑，工艺满足要求（见图1-27）。

一	开剥电缆		
1.1 将电缆校直，剥外护套，短端剥去 700mm，长端剥去 1100mm；			
1.2 留取 30mm 的钢铠，先用恒力弹簧固定，锯除后端口；（无铠电缆略过）			
1.3 留取 50mm 内护层，剥去其余的内护层；（无铠电缆略过）			
1.4 剥铜屏蔽层 A+50mm，剥外半导电层 A 长（A 的尺寸如下表）；铜屏蔽层断口绕两层半导电带，以防铜屏蔽散开；			
1.5 在半导电层断口用刀片倒角 30°，用细砂带打磨倒角，使坡度顺利过渡到绝缘层。			
注意：安装电缆接头前一定要测试电缆。			
型号	50~95	120~240	300~400
适用截面 /mm²	50/70/95	120/150/185/240	300/400
A/mm	200±3	210±3	220±3

图 1-27　外半导电层倒角工艺要求

本步骤需特别注意以下几点：

（1）用刀剥除半导电层时，下刀 2/3 深度，不能伤及电缆主绝缘层。

（2）剥除困难时，不能用火直接烘烤电缆外半导电层。

（3）剥除外半导体时，下刀要稳，用专用工具剥除外半导体层。

（4）半导电层切口要整齐，不得有尖角，切口处不能有刀痕。

（5）撕半导电层至环切口处时，沿着圆周方向撕去。

（6）完全打磨去除电缆绝缘表面上的刀痕（见图1-28、图1-29）。

下刀 2/3 深度

切得太深，损伤主绝缘！

图 1-28　剥除半导电层时深度、工艺注意事项

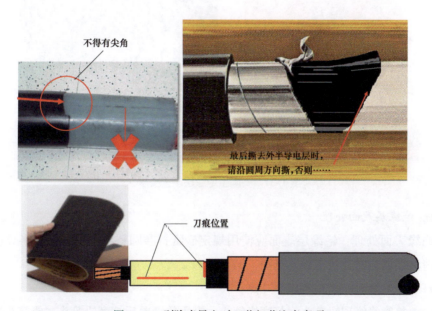

不得有尖角

最后撕去外半导电层时，请沿圆周方向撕，否则……

刀痕位置

图 1-29　剥除半导电时工艺细节注意事项

15. 剥切绝缘层

剥切尺寸符合要求。按连接管长度的一半 +2mm 剥除电缆主绝缘层，将主绝缘层断口做 45° 倒角处理去除电缆外屏蔽层，去电缆末端向后 120mm，去掉外半导电层，注意操作时不要伤到主绝缘。主绝缘层倒角表面应用细砂纸仔细打磨光滑，直至肉眼可见无刀痕。对倒角表面及线芯交接处，用清洁纸将周围残迹或飞屑清除干净（见图 1-30）。

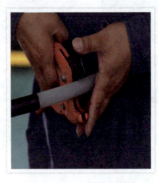

图 1-30　剥切主绝缘层

剥切绝缘层过程中，注意控制刀具用力。要求不得损伤线芯导体，剥除绝缘层时线芯不得松散（见图 1-31）。

图 1-31　剥除主绝缘层工艺要求

16. 绝缘层表面处理

绝缘表面处理：绝缘层表面应使用规定砂纸打磨圆整、光滑，去除半导电粉尘；清洁纸清洁时方法正确（见图 1-32）。

打磨主绝缘时，需注意以下几点：

（1）打磨绝缘层铅笔头。打磨铅笔头，沿主绝缘向后打磨铅笔头，铅笔头尺寸 50mm，铅笔头要求 45° 角。

（2）使用机械打磨机时，手不能伸进打磨机内，防止手背受伤，机械打磨机保持打磨转速，防止打磨过度或者欠打磨。

（3）利用机械打磨机时，打磨机要接地，不能戴手套打磨，打磨电源灵活（见图 1-33）。

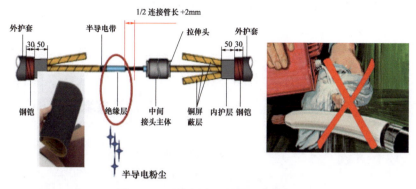

图 1-32 绝缘层表面处理工艺要求

图 1-33 利用机械打磨机打磨绝缘层

17. 进行倒角

用不导电的砂纸打磨主绝缘层，砂纸最大颗粒不超过 120mm；打磨主绝缘时，砂纸不能碰及半导电层或导体，可用 PVC 胶带保护主绝缘附近半导电层或电缆导体；不能过度打磨，导致绝缘薄弱（见图 1-34）。

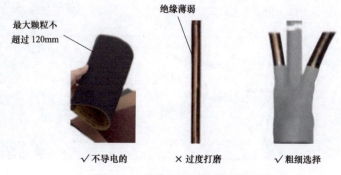

图 1-34 绝缘层表面打磨注意事项

18. 安装尺寸记录

预处理完成后按照实际尺寸做好安装尺寸记录。铜屏蔽与外半导电层绕包半导带，外半导电层绕包10mm，铜屏蔽绕包40mm（见图1-35、图1-36）。

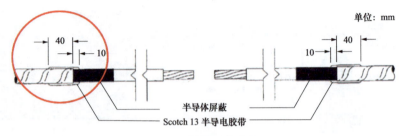

图1-35　安装尺寸要求

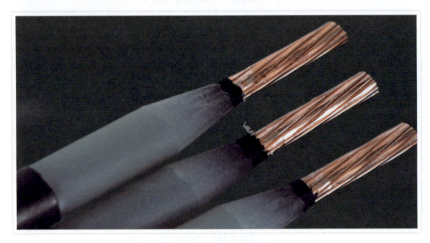

图1-36　露出内半导体

19. 套入接地铜网

套入接地铜网，检查接地铜网编织带无损伤、断股等缺陷，将3条接地铜网分别套入短端电缆（见图1-37）。

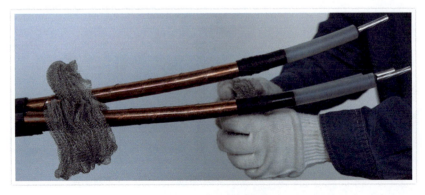

图1-37　套入接地铜网

20. 套入冷缩接头主体

套入冷缩绝缘管。将冷缩绝缘管套入长端电缆，支撑物抽出方向应朝长端（见图 1-38）。

图 1-38　套入冷缩绝缘管

套入冷缩绝缘管。将冷缩绝缘管套入长端电缆，支撑物抽出方向应朝长端。

21. 加热模具

使用点火枪对石墨模具进行加热，主要作用：①去除模具中的水汽和杂质；②去除模具中的残渣，使模具温度保持在正常温度范围内，以便与熔剂温度一致（见图 1-39）。

(a) 对模具漏槽进行加热　　　　　　　　(b) 对模具夹槽进行加热

图 1-39　模具加热

22. 线芯预热

加模具和热线芯便于更好地进行熔接效果，取对应型号的石墨模具，固定好两端相同相色的线芯，拧紧石墨模具夹好，开始进行下一道工序线芯预热工作（见图 1-40、图 1-41）。

23. 线芯对准和放入垫片

核对电缆相位线芯，使 2 根线芯保持 2mm 间隙，对准线芯，安装石墨模具，高温模具不得损坏绝缘层，然后放入热熔垫片盖住模具底孔，防止焊粉漏下，为防止铜颗粒带入绝缘表面，使用塑料薄膜保护绝缘层两端表面（见图 1-42）。

图 1-40　对线芯预热

图 1-41　核对相线，对应相对接固定模具

图 1-42　放入热熔垫片

24. 倒入焊粉及化学原理

（1）焊粉工作原理：氧化铜粉在高温情况下加入催化剂与铁粉反应置换出铜和三氧化二铁浮铜上面，化学反应式为 $3CuO+2Fe{=}3Cu+Fe_2O_3$ 或 $Ai_2O_3+3Mg{=}2Ai+3MgO$。操作如图 1-43 所示。

图 1-43　向模具槽内放入热熔垫片并添加焊粉

（2）焊粉应用时的注意事项：

1）每一袋焊粉对应焊接一个焊点、焊粉分为铝粉和铜粉，内部添加导热剂，使用前根据电缆是铜缆还是铝缆，选择不同牌号的焊粉。焊粉用量需与电缆型号及模具铭牌上注明的焊粉用量一致，使用前需仔细对照进行确认。

2）焊粉出厂时对于其防潮已采取多层保护，储存室要妥善保存避免受潮和雨淋，影响焊粉焊接质量。

3）电缆两端防护：使用铝箔纸对电缆两端头进行包裹，防止燃烧材料飞溅到两端电缆造成电缆绝缘层烧伤，影响电缆使用寿命和自然寿命。

25. 放热焊接线芯

工作人员戴上防热隔热手套和穿好防护服，根据情况放入 1~2 包焊热剂（每包250g）和一包引燃剂，盖好石墨模具盖，如图 1-44 所示。使用卡具上下牢，接着清理现场易燃物体，做好防护安全措施，再用点火装置点燃引燃剂（见图 1-45），

(a) 加入焊粉和催化剂　　　　　　　　(b) 盖好石墨模具盖

图 1-44　加入焊粉和引燃剂

图 1–45　点燃焊粉

进行放热焊接，焊接完成后使用电鼓风机对焊接部位进行吹风散热，时间不短于3min，待冷却后进入下一道工序——拆除模具。

操作注意事项：由于焊接过程中产生的温度在2500℃以上，因此操作人员应当注意以下事项。

（1）佩戴安全隔热手套，穿好防护服，戴好护目眼镜。

（2）注意焊点焊好后，不要立即用手触碰，避免烫伤。

（3）焊接反应时，石墨模具口不应对准旁边人员或者易燃物方向。

（4）焊点反应好后，不应立即打开模具盖，或者向焊点喷水，避免焊点迅速冷却，这样很容易使焊点裂开。

（5）焊好后，等温度降低至室温后，再拆除石墨模具，应尽快清理模具焊渣。

26. 冷却模具

点燃瞬间工作人员使用鼓风机对电缆与模具进行来回冷却（见图1-46），以确保电缆快速冷却，不伤害绝缘层，然后进入下一道工序——拆除模具。

图 1–46　对中间头熔接冷却

27. 拆除模具

等模具冷却后，旋转手柄夹具螺钉，对模具进行拆除，露出电缆线芯，在电缆中间头线芯上下露出上下铜棒，需要使用角磨机对多余部分的铜棒进行切割除去，然后使用打磨机进行等径打磨处理，使用锉刀、粗砂纸和细砂纸仔细打磨干净，注意焊接点上不得留有尖端和毛刺，避免尖端放电和刺穿绝缘层，最后使用酒精纸清洗杂质直到干净为止。如图 1-47、如图 1-48 所示。

(a) 拆除石墨模具

(b) 上下焊接点露出

(c) 使用角磨机进行切割

(d) 切割后的样式

图 1-47　熔接过程

图 1-48　清除多余部分铜棒

28. 打磨线芯

使用手动打磨机进行打磨，再用锉刀对打磨机线芯进行打磨，打磨光滑平整无棱角后（见图1-49），然后进入下一道工序。

图1–49　打磨焊接部分

29. 清洁绝缘层和线芯

先用粗砂纸进行打磨，然后使用细砂纸打磨，再用电缆清洁纸对绝缘层和焊接好的线芯进行清洁直至它们干净为止（见图1-50、图1-51），然后进入下一道工序。

图1–50　打磨后清理

图1–51　打磨后轻擦

30. 恢复内半导体层

首先准确定位，防止局部放电，先去除锡箔保护膜，重新清擦绝缘层干净，然后按照100%拉伸半导体带，两端各搭接50mm半导体层，半搭盖包绕在线芯1个来回，注意要缠绕平滑没有棱角，无皱折，再用游标卡尺量取并记录，包绕半导电带线芯外径D，使之达到质量要求，如图1-52所示。

图 1-52　缠绕半导硫化带

31. 包绕内护套

使用熔融 XLPE 绝缘带材料恢复主绝缘层，注意包绕带缠绕时要用力均匀，避免因视线盲区的搭盖，不符合要求而产生间隙，造成局部放电，半搭盖包绕 XLPE 绝缘带材时，包绕长度要以线芯中心为准，两端各搭接 160mm 共 320mm，包绕厚度是半导体线芯外径 $D+16mm$ 的厚度。如图 1-53、图 1-54 所示。

图 1-53　缠绕内护套

图 1-54　缠绕恢复主绝缘层

32. 安装绝缘管

先进行绝缘管画线定位，然后拉出隔热保护用的绝缘直管，抽出内衬条，直到拉完位置，调整绝缘管端头，进行下一道工序用铝箔纸包裹，安装加热管和冷却水管，如图 1-55 所示。

图 1-55　安装绝缘管

33. 安装铝箔纸

用铝箔纸包好套上的绝缘管等待熔接绝缘，如图 1-56、图 1-57 所示。

图 1-56　安装铝箔纸　　　　　　　　图 1-57　缠绕铝箔纸

34. 安装三相加热带

分别安装三相加热带，加热带覆盖到缠绕好的绝缘表面，分相接入温控器，设计上限温度为 190℃，加热温度为 185℃，时间设置为 45min，然后进行 XLPE 绝缘带材熔接处理，注意熔融过程中观察设备温度，防止超温或降温，如图 1-58、图 1-59 所示。

将加热带用铝箔纸包裹严密，并在两端使用扎带固定铝箔纸（见图 1-60），防止松动不能达到传热效果，再进行下一道工序。

图 1-58　安装加热带

图 1-59　对加热带进行绑扎

图 1-60　铝箔纸包裹加热带

35. 安装冷却水管

将三相电缆分别安装冷却水管，在包好的绝缘两边将熔接设备的水管缠绕在铝箔纸上，每根绝缘缠绕 4 圈并紧密排列（见图 1-61）。

图 1-61　安装冷却水管

36. 电缆中间头主绝缘熔接

接入熔接设备，打开节能环保型感应加热器和设备循环水泵，打开熔接机开关进行主绝缘熔接。加热带温度控制在 180~195℃，熔接机频率控制在 500Hz 左右，加温时间 45min，关闭熔接设备电源后进入下一道工序（见图 1-62）。

图 1-62　加热器对电缆中间头内护套进行加热

37. 拆除熔接设备

当定时时间达到 45min 后，关闭熔接设备开关，主绝缘熔接完毕，拆除加热管和冷却水管，如图 1-63 所示。

图 1-63　拆除熔接设备

当电缆内护层加热达到要求后，断开电源。冷却后，拆除加热带和冷却水管（见图 1-64），然后进行下一道工序。

图 1-64　拆除冷却水管

38. 检查冷缩绝缘管

对电缆内护层热熔后，拆除热熔带和铝箔纸，并进入下一道工序——冷却冷缩绝缘管（见图 1-65）。

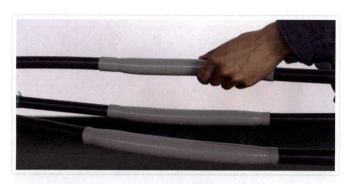

图 1-65　固定冷缩绝缘管

39. 冷却绝缘层

检查热熔后绝缘内护层，用鼓风机吹风机冷却绝缘层，如图 1-66 所示。

图 1-66　使用鼓风机冷却

40. 恢复外半导和内护套

对热熔内护套使用手持鼓风机进行冷却，等到熔接温度达到室温后开始进入下一道工序，剥除冷缩绝缘管，如图 1-67 所示。对熔接好的内绝缘层，等温度达到室内温度后，使用电缆剥皮刀由上到下切割 2/3 划开，等待冷却后，剥除最外面护套，开始进入下一道工序——打磨绝缘层和半导层。

图 1-67　拆除冷缩绝缘管附件

41.恢复内绝缘层

对熔接好的内护层先使用粗砂纸进行打磨，然后使用细砂纸打磨光滑（见图 1-68），最后使用酒精清洁纸擦拭清洁绝缘层，然后进入下一道工序。

图 1-68　对冷缩绝缘管附件进行打磨

42.恢复外半导

缠绕半导电带，使用半导自喷漆，对接头进行喷涂，使得半导体连接可靠，形成一个整体，然后对接头再用半导缠绕，缠绕 2 层，每次缠绕搭接 1/2 处，如图 1-69 所示。

图 1-69　内护套半导体进行喷涂半导漆

43.恢复外半导体层

使用填充胶对电缆中间头两端进行填充，以达到光滑平整和密封，然后按照 100% 拉伸绝缘带，半搭盖包绕绝缘层，包绕一个来回，恢复外半导层（见图 1-70），并进入下一道工序铜屏蔽层打磨。

图 1–70　缠绕内护套

44. 安装铜屏蔽网

对电力电缆中间头铜屏蔽清除铜屏蔽上的氧化膜，使用细砂纸进行打磨，然后使用酒精清洗擦拭铜屏蔽上面的杂质，以防杂质带入内护套内，给电缆留下永久隐患，然后覆盖铜网整体，使用恒力弹簧卡牢并用 PVC 带包裹，按照 200% 拉伸包绕半搭盖包绕防水带，恢复内护套原状，如图 1–71、图 1–72 所示。

图 1–71　对铜屏蔽打磨　　　　　　　图 1–72　布置铜屏蔽网

45. 安装铜屏蔽层

将铜屏蔽网一端固定，另一端拉紧铜网铺平，不得打折或形成皱纹或扭曲，覆盖铜网与铜屏蔽，恢复和安装接地线，如图 1–73 所示。

图 1–73　填充物恢复及绑扎铜屏蔽网

46. 覆盖铜网与铜屏蔽恢复

将铜网从一端拉到电缆另一端，拉紧铺平，不得扭曲或搭接，并用 PVC 胶带进行绑扎，恢复原状，如图 1-74 所示。

图 1-74　使用 PVC 进行绑扎

47. 恢复电缆内护套与外护套

恢复电缆填充物，在填充物上缠绕防水复合带，使用防水复合带沿裸露的内护套一边向另一边用力拉伸缠绕，如图 1-75 所示。每次缠绕搭接长度 1/2 处，直到缠绕完毕后进行下一道工序。

图 1-75　恢复填充料

48. 恢复电缆内护套与外护套

打磨钢铠，安装接地线。使用 PVC 胶带绑扎防水胶带后，再取防水胶带搭接缠绕，每次缠绕搭接 1/2 处，直到缠绕完成后进入下一道工序。

49. 恢复电缆铠装接地线

将钢铠处打磨氧化膜后，反方向搭接接地铜辫子（见图 1-76），夹入恒力弹簧中间，然后把铜辫子折回后夹在恒力弹簧内，在恒力弹簧上缠绕两层 PVC 胶带使恒力弹簧固定，注意不得留有毛刺，否则会刺破防水带（见图 1-77）。

图 1-76　使用恒力弹簧板扎铜辫子　　图 1-77　使用填充胶带对电缆头两端进行填充

50. 恢复防水带

使用防水复合带对电缆接头处进行缠绕，搭接 30~40mm，并按照 200% 拉伸半搭盖包绕防水带，缠绕平整，两边直接连接在电缆的外护套上，防止水和潮气从缝隙进入电缆中间头，引起局部放电，造成电缆故障。

51. 恢复电缆内护套与外护套

使用 PVC 胶带进行缠绕（见图 1-78），把缠好防水复合带拉紧缠绕两层，固定外护套防止松动，以便进行下一道工序。

图 1-78　使用 PVC 进行绑扎

52. 恢复电缆铠甲带

使用剪刀剪开铠甲带包装袋封口（见图 1-79），使用纯净水倒入包装袋内，让铠甲带内钢铠网完全浸透为止，等待铠甲带完全软化后，取出铠甲带，戴上橡胶手套，按照从左端开始顺时针缠绕，两端搭接 50~60mm，用力拉紧缠绕，不得打折，每缠绕一圈搭接 1/2 处，直到缠绕完为止，防止包绕过程中出现视线盲区，不能间隙包绕，然后悬挂电缆标志牌，在铠甲带尾端使用 PVC 带缠绕两层，防止末端翘起（见图 1-80）。

图 1-79　打开铠甲带包装袋

图 1–80　进行铠甲带缠绕

缠绕铠甲带安装完毕，不能移动电缆熔接中间头，等 30min，铠甲带硬化后，拆除 PVC 带，方可从电缆支架台取下，放到地面，再等 30min，铠甲带完全硬化（见图 1-81）后开始进行下一道工序。

图 1–81　铠甲带缠绕结束进行硬化

三、作业结束

1. 召开班后会

工作负责人召集工作班成员班后会（见图 1-82），对电缆热熔中间头制作质量依据施工工艺验收标准进行验收：由施工单位负责人、运行单位负责人、制作单位负责人、设计单位负责人成立验收小组，使用 2500V 的绝缘电阻表对制作好的电缆热熔中间头进行绝缘电阻试验，电阻值达到国家标准要求后投入使用，确保质量合格。

（1）召开班后会，总结回顾工作前准备、工作过程、安全情况、工作结束，主要针对在制作过程中，电缆制作工艺方面存在的问题进行总结，指出不足和优点，在今后工作中改正缺点，提高业务水平。热熔技术流程图如图 1-83 所示。

（2）现场清理，电缆熔接中间头制作质量验收合格后，操作人员对工作现场进行清理，检查工作中使用的工器具、材料有无遗留作业点。

（3）清理电缆线头等废料，工作人员将设备恢复到检修前的状态，设备装箱，做到工完、料尽、场地清。

图 1-82 召开班后会

该中间连接方式的主要施工工序为：线芯导体焊接，线芯打磨，内半导层热熔恢复，主绝缘层的热熔恢复，主绝缘层打磨，外半导电层恢复，铜屏蔽层和护套层的恢复等。

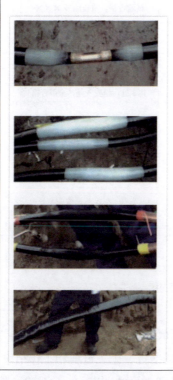

◎电缆导体焊接打磨的后果

导体的连接采用放热焊接技术，优点是熔焊点的载流能力与原导体线芯一致，具有良好的导电性。焊接处的抗拉强度达到本体的 85% 以上，较传统电缆附件的铜连接管压接方式有更强的载流能力，更低的电阻和更优异的机械强度。

◎热熔恢复电缆绝缘层效果

主绝缘层的热熔恢复采用与电缆绝缘层材料相同的高压电缆专用 XLPE 材料，通过热缩方法将新增材料与原电缆的绝缘层交联融合成一体，确保恢复的绝缘层与电缆绝缘层在材料、特性和结构上保持一致。

◎恢复外半导电屏蔽层效果

按本技术制作完成的电缆中间连接，实现了与原电缆一致的、连续的、等效匹配的电场分布。

◎三芯电缆修复完成后效果

完成恢复电缆本体结构与电缆本体近似等径，由于采用无缝熔接技术，同时具有了优良的防水性能。

图 1-83 热熔技术流程图

（4）工作人员清理现场工器具及仪器仪表，将工具整理后放在指定位置。

2. 工作终结

（1）工作终结：工作负责人经检查现场工作已全部完成；现场无遗留物；工作人员检修记录报告（见图 1-84）填写完整，无漏项。

电缆头制作、导线连接和线路绝缘测试检验批
质量验收记录

07010701____
07020601_001_
07030701____
07040801____
07050701____
07060801____

单位（子单位）工程名称		杭州品茗科技大厦 A 座	分部（子分部）工程名称		建筑电气分部 - 变配电室子分部	分项工程名称	电缆头制作、导线连接和线路绝缘测试分项
施工单位		杭州品茗建筑工程有限公司	项目负责人		周小明	检验批容量	30 处
分包单位		/	分包单位项目负责人		/	检验批部位	主变配电室
施工依据		建筑电气工程施工方案		验收依据		《建筑电气工程质量验收规范》GB 50303—2002	
验收项目			设计要求及规范规定	最小 / 实际抽样数量	检查记录		检查结果
主控项目	1	高压电力电缆直流耐压试验	第 18.1.1 条	/	试验合格，报告编号 ×××		✓
	2	低压电线和电缆绝缘电阻测试	第 18.1.2 条	/	检查合格，报告编号 ×××		✓
	3	铠装电力电缆头的接地线	第 18.1.3 条	全 /3	共 3 处，检查 3 处，全部合格		✓
	4	电线、电缆接线	第 18.1.4 条	全 /3	共 3 处，检查 3 处，全部合格		✓
一般项目	1	芯线与电器设备的连接	第 18.2.1 条	/	/		/
	2	电线、电缆的芯线连接金具	第 18.2.2 条	全 /3	共 3 处，检查 3 处，全部合格		100%
	3	电线、电缆回路标记、编号	第 18.2.3 条	全 /3	共 3 处，检查 3 处，全部合格		100%
施工单位检查结果			专业工长：项目专业质量检查员：年　月　日				
监理单位验收结论			专业监理工程师：年　月　日				

图 1-84　质量验收表

（2）办理工作票终结手续，工作人员签字确认，如图 1-85 所示。

综述：电力电缆中间头热熔技术，通过现场准备、施工过程和工作结束，实际操作，要牢记"巡、守、联、治、告"五字真言；尺寸"准"，下刀"稳"，切口"齐"，打磨"光"，密封"严"，制作标准电缆熔接中间头，各项指标全部达到或者超过相关国家标准。

图 1-85　现场工作结束签字

第三节　安全措施及注意事项

一、作业环境

电缆接头制作应在天气晴朗、空气干燥的情况下进行。施工场地应清洁，无飞扬的灰尘或纸屑。

依据 GB 50168—2018《电气装置安装工程　电缆线路施工及验收标准》第 7.1.5 条的规定："电缆终端与接头制作时，施工现场温度、湿度与清洁度，应符合产品技术文件要求。在室外制作 6kV 及以上电缆终端与接头时，其空气湿度宜为 70% 及以下；当湿度大时，应进行空气湿度调节，降低环境湿度……制作电力电缆终端与接头，不得直接在雾、雨或五级以上大风环境中施工。"

如果在制作中不注意环境因素的影响，电缆头绝缘中由于进入尘埃、杂质等形成气隙，并在强电场下发生局部放电，继而发展为绝缘击穿，造成电缆接头击穿的故障。如果在潮湿的环境中制作，则电缆容易受潮而使得整体绝缘水平下降，另外也容易进入潮气形成气隙而出现局部放电。

二、作业关键点

电缆接头制作各环节均由人工完成，制作工艺水平参差不齐，极易造成电缆接头工艺质量不良，运行后发生局部击穿导致电缆线路被迫停运。因此在电缆接头制作过程中需要特别注意以下各关键点。

（1）电缆剥切。要注意剥切上层时尽量不伤及下层，以免对长期运行造成隐患。剥切时要注意：剥内衬层时不伤及铜屏蔽；剥铜屏蔽时不伤及外半导屏蔽层，铜屏蔽不松散，切口处不翘起尖角；剥外半导屏蔽层时不伤及主绝缘；剥主绝缘时不伤及线芯。外半导电带与屏蔽层要倒 45° 角，且用细砂纸打磨；主绝缘要倒角而不能削铅笔头，以便线芯连接管两端内半导屏蔽层搭接。

（2）压接连接。如果压接管内径与导线线芯配合不妥，空隙过大会使接头电阻值过大，正常运行时发生高温高热易造成主绝缘老化击穿。连接管、线芯外表的棱角、毛刺假设不打磨光滑易造成电场集中引起尖端放电击穿。连接芯线的接触电阻必须小于或等于回路中同一长度线芯电阻的 1.2 倍，抗拉强度一般不低于线芯强度的 70%。必须满足电缆在各种运行状态下稳定运行。其绝缘强度要留有必要的裕度，密封性好，水分及导电物体不得侵入接头内。

（3）清洁。交联聚乙烯电缆头制作对清洁工作有严格要求。电缆头制作过程中往往是露天作业，如果制作过程中不注意清洁工作，会造成尘埃、导电颗粒与冷缩件黏连，导致电缆局部放电绝缘击穿。因此制作时要尽量选用环境较好的场地，同时在制作过程中的每一道工序完成后都要用专用清洁剂清洁，确保制作过程的每道工序都保持清洁。

（4）剥好的电缆头进行清洁时特别要注意方向，可沿主绝缘外表向半导屏蔽层进行清洗，连接管打磨后单独清洁；也可主绝缘、半导屏蔽层、连接管分别进行单独清洁，千万不能用接触过半导屏蔽层或连接管的清洁纸或白布去清洗主绝缘外表面。

（5）台阶倒角处置。电缆剥切后，铜屏蔽层、外半导电层、主绝缘层、内半导电层之间外边会存在一个台阶，为了让台阶处平滑过渡，使得电场均匀分布，防止尖端放电，需要将外半导电层、主绝缘层、内半导电层切面倒 45° 角并用细砂纸打磨光滑。

（6）密封。密封包含两层含义：一要防潮；二要尽量防止气隙的存在。电力电缆在安装、运行过程中，不允许在导体、绝缘层中存在水分、空气或其他杂质。这些杂质在高强度的电场作用下容易发生电离，带电粒子在交变电场的作用下，使得电缆绝缘层在运行过程中逐渐老化导致击穿，从而引发电缆故障，所以密封工作一定要做好。每相复合管两端及内、外护套管两端都要使用自粘带密封填充，达到有效防潮。为减少气隙的存在，我们可以做以下工作：①在主绝缘外表均匀涂一层硅脂膏增强密封的作用；②在安装外护套前要回填填充物，将凹陷处填平，使整个接头呈现一个整齐的圆柱状，用 PVC 胶带缠绕扎紧。

三、其他注意事项

（1）剥除半导电层并清除干净。

（2）半导电层在电缆中主要起均匀电场和消除气隙，降低或消除局部放电电量的作用，在制作电缆接头时必须要剥除并清除干净。

（3）半导电层是电缆的一个非常重要的组成部分，在导体表面加一层半导电层，它与体等电位并与绝缘层接触良好，从而避免在导体与绝缘层之间发生局部放电；同样在绝缘表面和铜屏蔽层接触处也可能存在间隙，是引起局部放电的因素，故在绝缘层表面加一层半导电层，它与绝缘层有良好的接触，与铜屏蔽层等电位，从而避免在绝缘层与铜屏蔽之间发生局部放电，这一层屏蔽为外半导电层。

（4）应采取绕半导电带等改善电缆屏蔽端部电场集中的措施。

电缆终端头的铜屏蔽断口处和接线端子端部，由于电场集中，需要采取绕半导电带等改善电场集中的措施。如果不采取这些措施，则会使得运行电缆在屏蔽层断口处电场集中，成为薄弱环节，容易引发电缆绝缘击穿故障。

四、电缆熔接头技术与中间头制作的区别

1. 电缆中间接头

电缆中间接头采用冷缩技术，无需动火及特殊工具，也无逐件套入的麻烦，只需轻轻抽取芯绳，接地采用恒力弹簧，无需焊接或铜绑线，施工省时省力而且节省空间，对于施工空间狭小的场所，尤其适合。电缆中间接头质量要求：与电缆本体相比，电缆中间接头是薄弱环节，大部分电缆线路故障发生在这里，也就是说，电缆中间接头质量的好坏直接影响到电缆线路的安全运行。

电缆中间接头应满足下列要求：

（1）制作工艺简单，导体连接良好，投资小。

（2）绝缘可靠，经济寿命和自然寿命短，中间头由于使用不同类型橡胶带容易老化和氧化。

（3）密封良好，随着时间的延续，橡胶老化速度加剧，寿命缩短，容易进水受潮，故障率高。

（4）有足够的机械强度，能够承受较大的机械碾压和拉伸作用。

（5）直流耐压试验和交流实验合格，性能稳定，需要处于干燥和通风环境使用。

2. 电缆熔接头

电缆熔接头核心分为两大部分：一是导体熔接；二是主绝缘恢复熔接。高压电缆导体有铜芯导体和铝芯导体，铜芯导体连接采用放热焊接方式，把铜芯导体放在特制的耐高温模具中，加入高压电缆专用焊药，然后点火，这样高压电缆熔接头导体熔接就完成了。热熔好导体后，还要对导体接头进行打磨处理，确保导体接头处无气孔、毛刺。导体焊接头是高压电缆熔接头关键部分，所以这个必须做好。电缆熔接头技术是一种新型技术，与普通电缆中间接头制造方法相比，具有许多优点。它通过"再生"电缆结构，逐步将电缆恢复到新的电缆状态；铜芯接头处的拉力与本体的比例为92.5%，导体焊接的抗拉强度达到本体强度的85%以上，可以大幅度降低电缆中间接头导致线路故障的频率。

思考与练习

一、单选题

1. 电力电缆的功能，主要是传送和分配大功率（　　）的。

A. 电流 　　　　　B. 电能 　　　　　C. 电压 　　　　　D. 电势

2. 电缆常用的高分子材料中，（　　）字母表示交联聚乙烯。

A. V 　　　　　B. Y 　　　　　C. YJ 　　　　　D. YJV

3. 铜芯交联聚乙烯绝缘，聚乙烯护套，双钢带铠装电力电缆的型号用（　　）表示。

A. YJLVV 　　　　　B. YJV30 　　　　　C. YJV23 　　　　　D. YJV20

4. 电力电缆外护层结构，用裸钢带铠装时，其型号脚注数字用（　　）表示。

A. 2 　　　　　B. 12 　　　　　C. 20 　　　　　D. 30

5. 阻燃、交联聚乙烯绝缘、铜芯、聚氯乙烯内护套、钢带铠装、聚氯乙烯外护套电力电缆的型号用（　　）表示。

A. ZR-VV22 　　　　　B. ZR-YJV22 　　　　　C. ZR-YJV23 　　　　　D. ZR-YJV33

6. 电缆钢丝铠装层的主要作用是（　　）。

A. 抗压 　　　　　B. 抗拉 　　　　　C. 抗弯 　　　　　D. 抗腐

7. 三芯交联聚乙烯铠装电缆最小曲率半径为（　　）电缆外径。

A. 10 倍 　　　　　B. 15 倍 　　　　　C. 20 倍 　　　　　D. 25 倍

8. 一根电缆管允许穿入（　　）电力电缆。

A. 4 根 　　　　　B. 3 根 　　　　　C. 2 根 　　　　　D. 1 根

9. 70mm² 的低压四芯电力电缆的中性线标称截面积至少为（　　）。

A. 10mm² 　　　　　B. 16mm² 　　　　　C. 70mm² 　　　　　D. 35mm²

10. 电缆导线截面积的选择是根据（　　）进行的。

A. 额定电流 　　　　　　　　　　　B. 传输容量

C. 短路容量 　　　　　　　　　　　D. 传输容量及短路容量

二、多选题

1. 电缆终端有（　　）终端、变压器终端等类型。

A. 户外 　　　　　B. 户内 　　　　　C. GIS 　　　　　D. 预制式

2. 电缆线路接地系统由（　　）及分支箱接地网组成。

A. 终端接地 　　　　　　　　　　　B. 接头接地网

C. 终端接地箱 　　　　　　　　　　D. 护层交叉互联箱

3.电缆附属设备是（　　）等电缆线路附属装置的统称。

A. 避雷器　　　　　　　　　　　　B. 供油装置

C. 接地装置　　　　　　　　　　　D. 在线监测装置

4.电缆附属设施是（　　）电缆终端站等电缆线路附属部件的统称。

A. 电缆支架　　　B. 标识标牌　　　C. 防火设施　　　D. 防水设施

5.电缆通道是（　　）电缆桥、电缆竖井等电缆线路的土建设施。

A. 电缆隧道　　　B. 电缆沟　　　　C. 排管　　　　　D. 直埋

6.电缆外护套表面上应有耐磨的（　　）等信息。

A. 型号规格　　　B. 码长　　　　　C. 制造厂家　　　D. 出厂日期

7.直埋电缆在等（　　）处，应设置明显的路径标志或标桩。

A. 直线段每隔 30～50m 处　　　　　B. 电缆接头处

C. 转弯处　　　　　　　　　　　　D. 进入建筑物

8.电缆在出厂前，电缆盘上应有（　　）等文字和符号标志。

A. 收货单位　　　　　　　　　　　B. 电缆额定电压

C. 电缆长度　　　　　　　　　　　D. 电缆额定电流

9.电缆盘上应有盘号、（　　）及芯数及标称截面，装盘长度、毛重。

A. 制造厂名称　　　B. 额定电流　　　C. 额定电压　　　D. 电缆型号

10.终端用的套管等易受外部机械损伤的绝缘件，应放于原包装箱内，用（　　）等围遮包牢。

A. 泡沫塑料　　　B. 草袋　　　　　C. 玻璃　　　　　D. 木料

三、判断题（认为正确的在括号内画"√"，错误的在括号内画"×"）

1.电缆护层主要分为金属护层、橡塑护层和组合护层。（　　）

2.YJLV22- 表示交联聚乙烯绝缘、钢带铠装、聚氯乙烯护套铝芯电力电缆。（　　）

3.电缆的导体截面积则等于各层导体截面积的总和。（　　）

4.电缆线芯相序的颜色，A 相为黄色、B 相为绿色、C 相为红色、地线和中性线为黑色。（　　）

5.多芯及单芯塑料电缆的最小曲率半径为 15 倍的电缆外径。（　　）

6.10kV 电缆终端头和接头的金属护层之间必须连通接地。（　　）

7.并列运行的电力电缆，其同等截面积和长度要求基本相同。（　　）

8.敷设电缆时，须考虑电缆与热管道及其他管道的距离。（　　）

9.对于大截面积导电线芯，为了减小集肤效应，有时采用四分割、五分割等分割线芯，分割线芯多由扇形组成。（　　）

10.交联聚乙烯绝缘是均匀电介质，无论交、直流电压下，其内部电场都是均匀分布的。因此，高压直流电缆线路也采用交联聚乙烯绝缘。（　　）

四、简答题

1.电力电缆的基本结构一般由哪几部分组成？

2.电缆屏蔽层有何作用？

3.电缆直埋敷设的特点是什么？

4.电缆隧道敷设的特点是什么？

5.简述在开启电缆井井盖、电缆沟盖板及电缆隧道入孔盖时应采取的安全措施。

6.电缆着火或电缆终端爆炸应如何处理？

7. 电力电缆有哪几种常用敷设方式?

_____

_____

_____

8. 城市电网哪些地区宜采用电缆线路?

_____

_____

_____

9. 配电网电缆线路应在哪些部位装设电缆标志牌?

_____

_____

_____

10. 敷设在哪些部位的电力电缆选用阻燃电缆?

_____

_____

_____

第二章　10kV 电缆冷缩中间头制作技术

第一节　作业梗概

一、人员组合

本项目需 3 人，具体分工见表 2-1。

表 2-1　　　　　　　　　　　人员具体分工

人员分工	人数 / 人
监护人	1
操作人	2

二、主要工器具及材料

主要工器具、材料见表 2-2。

表 2-2　　　　　　　　　　主要工器具、材料

序号	工器具名称		参考图	规格型号或检验周期	数量	备注
1	个人工具	安全帽		塑料安全帽，检验每年一次，超过 30 个月应报废；安全帽各部分齐全、无损坏	3 顶	
2	仪表	绝缘电阻表		2500V 绝缘电阻表检验周期 5 年	1 块	

（续表）

序号	工器具名称		参考图	规格型号或检验周期	数量	备注
3	工器具	绝缘手套		10kV，每 6 个月试验一次		
4	工具	液压钳		液压钳 16–240 整体式	1 个	
5	工具	电缆制作组合工具		10kV	1 套	
6	工具	钢锯			2 把	
7	工具	锉刀			1 套	
8	工具	电工刀			2 把	

（续表）

序号	工器具名称		参考图	规格型号或检验周期	数量	备注
9	材料	电缆		10kV YJLV22 电缆，每根不短于 2.5m	2根	
10	材料	电缆附件		10kV 50mm² 电缆中间头附件	1套	
11	标志牌	电缆制作标志牌		禁止标志牌，指示标志牌	2块	

第二节　操作过程

一、作业前准备

1. 着装及防护准备

（1）穿戴正确，对安全帽外观检查无误后整体着装穿戴正确（见图 2-1）。

图 2-1　着装穿戴正确

（2）安全帽。检查并佩戴安全帽，安全帽在检验有效期内，外表完整、光洁；帽内缓冲带、帽带齐全无损，外观无破损、松紧合适、安全帽三叉帽带系在耳朵前后并系紧下腭带。

（3）工作服。现场穿着全棉长袖工作服，扣好衣扣、袖扣、无错扣、漏扣、掉扣、无破损。

（4）手套、绝缘鞋。穿戴线手套、合格绝缘鞋，鞋带绑扎整齐，无安全隐患。

2. 准备并检查工器具及材料

电工刀（壁纸刀）、尖嘴钳、一字螺钉旋具、钢直尺、压接钳、手锯、锉刀、抹布各 1 套，绝缘电阻表（见图 2-2）；材料有：10kV 交联聚乙烯电缆、10kV 冷缩电缆附件、冷缩电缆中间头附件安装说明书 1 份（见图 2-3）。

图 2-2 工器具

图 2-3 材料

工作所需工器具、仪表试验标签、外观逐一检查良好，无明显损坏情形，能正常使用；绝缘电阻表短路、开路试验现场检查合格，绝缘手套充气试验检查合格，符合现场安全工作要求（见图2-4）。

图2-4　工器具及仪表检查

3. 查验设备安全情况

冷缩电缆附件开箱检查，查附件外包装情况，看是否存在损伤或其他明显缺陷。还应查看安装图纸是否一致，技术文件是否齐全。一般制造厂家出厂应附带下列技术文件：出厂合格证、技术说明书、安装使用和维护说明书、随机工具清单及图纸、装箱单等。对照制造厂家的说明书和装箱单，检查规格、尺寸、数量是否符合技术文件的规定（见图2-5）。

图2-5　电缆附件开箱检查

选取两根10kV YJLV22-50mm² 电缆，每根长度不短于2.5m，要求电缆外护套表面无损伤，电缆本体顺直、无明显弯曲，电缆外表无灰尘异物等。不满足要求时，需要对电缆进行校直或表面擦拭清洁，满足电缆中间头制作基本要求（见图2-6）。

图 2-6 选取电缆

4. 现场勘察并办理工作票

作业开始前，为保证现场安全，需要工作票签发人或工作负责人认为有必要现场勘察的配电检修（施工）作业，应根据工作任务组织现场勘察，并依据现场实际情况填写现场勘察记录（见图 2-7）。

记录人		勘察日期	年 月 日
勘察单位			
勘察负责人及人员			
工作任务			
重点安全注意事项			

图 2-7 现场勘察记录模板

工作负责人依据现场勘察记录，办理配电第一种工作票并履行许可手续（见图2-8）。

5. 检查现场安全措施

（1）电缆中间头制作工作地点两侧断路器已断开。

（2）电缆中间头制作工作地点两侧隔离开关已拉开。

（3）电缆中间头制作工作地点两侧已装设接地线，接地开关在"合"的状态；

（4）在两侧断路器、隔离开关操作把手上悬挂"禁止合闸，线路有人工作！"标志牌。

（5）在工作地点周围设置围栏，面朝工作人员悬挂"止步，高压危险！"标志牌，在围栏入口处悬挂"从此进出"标志牌（见图2-9）。

配电第一种工作票

单位：_____ 编号_____
1. 工作负责人_____ 班组_____
2. 工作班人员（不包括工作负责人）

_____

_____共___人

3. 工作任务：

工作地点或设备（注明变（配）电站、线路名称，设备双重名称及起止杆号）	工作内容

4. 计划工作时间：

自___年___月___日___时___分至___年___月___日___时___分

5. 安全措施（应改为检修状态的线路、设备名称，应断开的断路器（开关），隔离开关（刀闸），熔断器，应合上的接地刀闸，应装设的接地线，绝缘隔板，遮栏（围栏）和标示牌等，装设的接地线应明确具体位置，必要时可附页绘图说明）

5.1 调控或运维人员（变配电站、发电厂）应采取的安全措施	已执行

5.2 工作班完成的安全措施	已执行

图 2-8　配电第一种工作票模板（一）

5.3 工作班装设（或拆除）的接地线			
线路名称或设备双重名称和装设位置	接地线编号	装设时间	拆除时间

5.4 配合停电线路应采取的安全措施	已执行

5.5 保留或邻近的带电线路、设备：

_____

_____

_____

_____

_____

_____

工作票签发人签名：_____ _____年___月___日___时___分

工作负责人签名：_____ _____年___月___日___时___分

5.6 其他安全措施和注意事项补充（由工作负责人或工作许可人填写）：

_____

_____

_____

_____

6. 工作许可：

许可的线路或设备	许可方式	工作许可人	工作负责人	许可工作的时间

7. 工作任务单登记：

工作任务单编号	工作任务	小组负责人	工作许可时间	工作结束报告时间

图 2-8　配电第一种工作票模板（二）

8. 现场交底，工作班成员确认工作负责人布置的工作任务、人员分工、安全措施和注意事项并签名

_____

_____

_____

9. 人员变更

9.1 工作负责人变动情况：原工作负责人_____离去，变更_____为工作负责人。

工作票签发人：_____　___年___月___日___时___分

原工作负责人签名确认：_____新工作负责人签名签认：_____

___年___月___日___时___分

9.2 工作人员变动情况：

新增人员	姓名					
	变更时间					
离开人员	姓名					
	变更时间					

工作负责人签名：_____

10. 工作票延期：有效期延长到___年___月___日___时___分

工作负责人签名：_____　___年___月___日___时___分

工作许可人签名：_____　___年___月___日___时___分

11. 每日开工和收工记录（使用一天的工作票不必填写）：

收工时间	工作负责人	工作许可人	收工时间	工作负责人	工作许可人

12. 工作终结：

12.1 工作班现场所装设接地线共___组、个人保安线共___组已全部拆除，工作班人员已全部撤离现场，材料工具已清理完毕，杆塔、设备上已无遗留物。

12.2 工作终结报告：

终结的线路或设备	报告方式	工作负责人	工作许可人	终结报告时间

13. 备注：

13.1 指定专责监护人_____负责监护：_____

_____（地点及具体工作）

　指定专责监护人_____负责监护：_____

_____（地点及具体工作）

指定专责监护人_____负责监护：_____

_____（地点及具体工作）

13.2 其他事项：

_____

_____

图 2-8　配电第一种工作票模板（三）

图 2-9　设置围栏、悬挂标志牌

二、作业过程

1. 召开班前会

工作负责人召集工作人员召开班前会，交代工作任务、人员分工、安全技术交底，分析作业风险并采取有针对性预控措施（见图 2-10）。

图 2-10　召开班前会

（1）工作任务。10kV 电缆冷缩中间接头制作。

（2）安全技术交底。工作范围在工作地点围栏内，按照 10kV 电缆冷缩中间接头制作标准步骤进行工作。

（3）作业风险分析。本次作业风险有行为危害、人身伤害、电击伤害、机械伤害共 4 项。

1）行为危害，预控措施有：①按规定履行工作许可手续，严格执行工作报告制度；②工作负责人对工作班成员进行安全技术交底。

2）人身伤害，预控措施有：①电缆制作过程中应正确佩戴手套；②刀具使用受力时不得将刀尖、刀刃朝向自己或他人，防止力量突然消失时伤人。

3）电击伤害，预控措施有：电缆端头不得直接用手接触，应使用专用的放电棒逐相充分放电之后方可开始工作。

4）机械伤害，预控措施有：①压接接线端子时，应避免压钳压伤、挤伤人手；②压接过程人员应相互配合；③抓扶电缆的协助人员不得将手伸入压钳钳口。

2. 现场环境检查

测试仪摆放在阴凉、通风干燥、避免阳光直射的地方，工作人员进行现场温/湿度、风速检查，看是否符合现场制作要求。一般连续 5 天日平均气温低于 5℃时，进入冬季施工，电缆接头制作应采取工作地点搭设帐篷等保温措施（见图 2-11）。

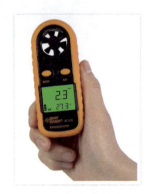

（1）湿度：若环境湿度在 75% 以下，满足工作环境要求；若环境湿度超过 75% 时，应禁止施工。

（2）风速：风速小于等于 5 级时满足现场环境要求；风力超过 5 级时，严禁露天操作，需要采取防风措施。

图 2-11　现场环境检测

3. 工器具、材料摆放

工作人员将工作所需的工器具、仪表、材料分类摆放整齐；工器具、材料要摆放在干净的防潮苫布上。

再次检查确认各项工器具、材料规格、数量是否符合要求（见图 2-12）。

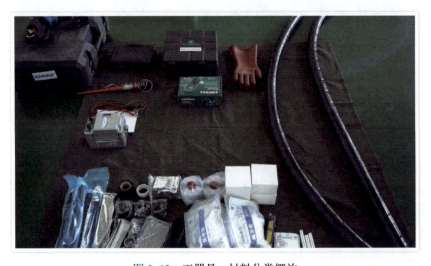

图 2-12　工器具、材料分类摆放

4.校直、外护套擦拭

检查电缆状态（有无受潮进水、绝缘偏心、明显的机械损伤等）；现场支撑两段电缆并校直；擦去外护套上的污迹（见图 2-13）。

（1）把需要制作电缆头的电缆段固定在制作平台夹具上，确保夹持牢固，不损伤电缆外护套。

（2）戴工作手套将电缆支撑并校直，2.5m 范围内无明显弯曲，确保后期制作过程中三相导线线芯长度变化一致。

（3）使用毛巾擦去电缆外护套上的污迹，确保电缆表面清洁无明显异物。

（4）使用无水乙醇清洁纸擦去外护套上的污迹，保证电缆外护套表面清洁，无导电异物或杂质。

图 2-13　校直、外护套擦拭

5.电缆断切面锯平

电缆断切面锯平。电缆在校直过程中极易造成三相导线线芯长度不一致，三相线芯锯口不在同一平面或导体切面凹凸不平，使用钢锯锯断端头 50mm，保证后期压接时长度一致，尺寸偏差符合电缆附件说明书要求（见图 2-14）。

· 不在同一平面
· 导体切面凹凸不平

锯平后

图 2-14　电缆断切面锯平

6. 剥除外护套

依据不同的电缆直径，按照电缆附件技术文件标明的尺寸进行外护套剥除，要求切口平整。环切过程中切勿损坏钢铠层。对环切处钢铠表面进行打磨处理，避免毛刺。剥除过程中电缆外护套在端部预留 100mm 左右一圈，防止钢铠层松散。以本次电缆为例，剥除外护套按电缆附件技术文件标明尺寸制作即可（见图 2-15）。

一	开剥电缆

1.1 将电缆校直，剥外护套，短端剥去 700mm，长端剥去 1100mm；

1.2 留取 30mm 的钢铠，先用恒力弹簧固定，锯除后端口；　（无铠电缆略过）

1.3 留取 50mm 内护层，剥去其余的内护层；　（无铠电缆略过）

1.4 剥铜屏蔽层 A+50mm，剥外半导电层 A 长（A 的尺寸如下表）：铜屏蔽层断口绕两层半导电带，以防铜屏蔽散开；

1.5 在半导电层断口用刀片倒角 30°，用细砂带打磨倒角，使坡度顺利过渡到绝缘层。

注意：安装电缆接头前一定要测试电缆。

型号	50~95	120~240	300~400
适用截面 /mm²	50/70/95	120/150/185/240	300/400
A/mm	200±3	210±3	220±3

图 2-15　剥除外护套

7. 剥切钢铠

根据电缆附件技术文件图纸尺寸，对钢铠进行剥切（见图 2-16）。

一	开剥电缆

1.1 将电缆校直，剥外护套，短端剥去 700mm，长端剥去 1100mm；

1.2 留取 30mm 的钢铠，先用恒力弹簧固定，锯除后端口；　（无铠电缆略过）

1.3 留取 50mm 内护层，剥去其余的内护层；　（无铠电缆略过）

1.4 剥铜屏蔽层 A+50mm，剥外半导电层 A 长（A 的尺寸如下表）；铜屏蔽层断口绕两层半导电带，以防铜屏蔽散开；

1.5 在半导电层断口用刀片倒角 30°，用细砂带打磨倒角，使坡度顺利过渡到绝缘层。

注意：安装电缆接头前一定要测试电缆。

型号	50~95	120~240	300~400
适用截面 /mm²	50/70/95	120/150/185/240	300/400
A/mm	200±3	210±3	220±3

图 2-16　剥除钢铠尺寸要求

第一步：按照附件说明书剥切钢铠。

第二步：用恒力弹簧固定钢铠。

第三步：钢铠端部及接地点打磨。

剥切钢铠，剥切尺寸符合要求，钢铠切面整齐，不松散、无毛刺尖角（见图 2-17）。

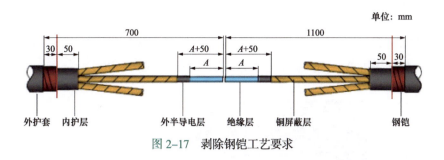

图 2-17　剥除钢铠工艺要求

剥切时不得损伤内护套；端口平整、不松散、无毛刺尖角。切除钢铠时，可以用大恒力弹簧临时将钢铠固定，防止钢铠在切除过程中松散。在钢铠上需要作钢铠接地点附近，打磨钢铠上防锈漆、氧化层，钢铠打磨结束，仍用恒力弹簧固定。

8.剥切内护套

剥切内护套。剥切尺寸符合要求（见图 2-18）。

一	开剥电缆		
1.1 将电缆校直，剥外护套，短端剥去 700mm，长端剥去 1100mm；			
1.2 留取 30mm 的钢铠，先用恒力弹簧固定，锯除后端口；（无铠电缆略过）			
1.3 留取 50mm 内护层，剥去其余的内护层；（无铠电缆略过）			
1.4 剥铜屏蔽层 A+50mm，剥外半导电层 A 长（A 的尺寸如下表）；铜屏蔽层断口绕两层半导电带，以防铜屏蔽散开；			
1.5 在半导电层断口用刀片倒角 30°，用细砂带打磨倒角，使坡度顺利过渡到绝缘层。			
注意：安装电缆接头前一定要测试电缆。			
型号	50~95	120~240	300~400
适用截面 /mm²	50/70/95	120/150/185/240	300/400
A/mm	200±3	210±3	220±3

图 2-18　内护套剥切尺寸要求

剥切时不得损伤铜屏蔽，铜屏不松散；环切口平整。环切口处内护套、铜屏蔽应打磨无毛刺（见图 2-19）。

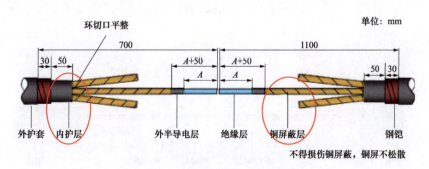

图 2-19　剥切内护套工艺要求

9. 去除填充料

去除填充料，要求填充料断面平整，去除时不得损伤铜屏蔽（刀口朝外）。切割时不得损伤铜屏蔽，铜屏蔽不松散，环切口平整（见图 2-20）。

图 2-20　去除填充料工艺要求

10. 剥切铜屏蔽

剥切铜屏蔽，剥切尺寸符合要求，在剥切处缠绕两层半导电带，防止铜屏蔽层散股。要求剥切时不得损伤外半导电层，铜屏蔽层不松散，切口平整无毛刺，若有毛刺或尖锐情形应及时进行打磨处理（见图 2-21、图 2-22）。

一　开剥电缆
1.1 将电缆校直，剥外护套，短端剥去 700mm，长端剥去 1100mm；
1.2 留取 30mm 的钢铠，先用恒力弹簧固定，锯除后端口；（无铠电缆略过）
1.3 留取 50mm 内护层，剥去其余的内护层；（无铠电缆略过）
1.4 剥铜屏蔽层 A+50mm，剥外半导电层 A 长（A 的尺寸如下表）；铜屏蔽层断口绕两层半导电带，以防铜屏蔽散开；
1.5 在半导电层断口用刀片倒角 30°，用细砂带打磨倒角，使坡度顺利过渡到绝缘层。
注意：安装电缆接头前一定要测试电缆。

型号	50~95	120~240	300~400
适用截面 /mm²	50/70/95	120/150/185/240	300/400
A/mm	200±3	210±3	220±3

图 2-21　剥切铜屏蔽尺寸要求

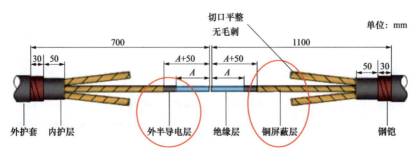

图 2-22　剥切铜屏蔽尺寸要求

11. 剥切外半导电层、外半导电层倒角

剥切外半导电层，按照尺寸标准剥切时环切一周，不得损伤绝缘层，断口圆整、无气隙，倒角坡度面光滑平整（见图 2-23）。

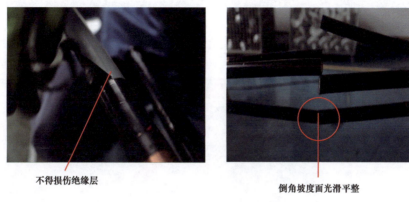

不得损伤绝缘层　　　　　　　　　　　　　　　倒角坡度面光滑平整

图 2-23　外半导电剥除要求

在电缆运行过程中，外半导电层用来均衡主绝缘层电场，主绝缘层局部场强均衡一致，不会引发局部放电现象，能保证电缆长期安全稳定运行，因此半导电层倒角工艺对电缆接头运行寿命至关重要。对剥除完外半导电层的切口处，倒角并打磨光滑，工艺满足要求（见图 2-24）。

一	开剥电缆		
1.1 将电缆校直，剥外护套，短端剥去 700mm，长端剥去 1100mm；			
1.2 留取 30mm 的钢铠，先用恒力弹簧固定，锯除后端口；（无铠电缆略过）			
1.3 留取 50mm 内护层，剥去其余的内护层；（无铠电缆略过）			
1.4 剥铜屏蔽层 A+50mm，剥外半导电层 A 长（A 的尺寸如下表）；铜屏蔽层断口绕两层半导电带，以防铜屏蔽散开；			
1.5 在半导电层断口用刀片倒角 30°，用细砂带打磨倒角，使坡度顺利过渡到绝缘层。			
注意：安装电缆接头前一定要测试电缆。			
型号	50~95	120~240	300~400
适用截面 /mm²	50/70/95	120/150/185/240	300/400
A/mm	200±3	210±3	220±3

图 2-24　外半导电层倒角工艺要求

此步骤需特别注意以下几点：

（1）用刀剥除半导电层时，下刀 2/3 深度，不能伤及电缆主绝缘层。

（2）剥除困难时，不能用火直接烘烤电缆外半导电层（见图 2-25）。

（3）半导电层切口要整齐，不得有尖角，切口处不能有刀痕。

（4）撕半导电层至环切口处时，沿着圆周方向撕去。

（5）完全打磨去除电缆绝缘表面上的刀痕（见图 2-26）。

下刀 2/3 深

切得太深，
损伤主绝缘！

图 2-25　剥除半导电层时深度、工艺注意事项

不得有尖角

刀痕位置

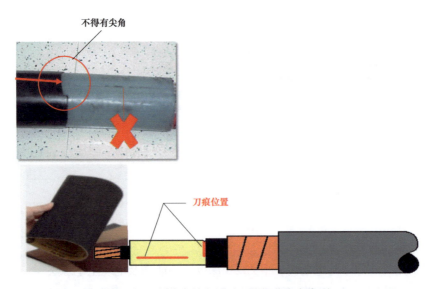

图 2-26　剥除半导电层时工艺细节注意事项

12. 剥切绝缘层

剥切绝缘层，剥切尺寸符合要求。按 1/2 连接管长度 +2mm 剥除电缆主绝缘

层，将主绝缘层断口做 45° 倒角处理。主绝缘层倒角表面应用细砂纸仔细打磨光滑，直至肉眼可见无刀痕。对倒角表面及线芯交接处，用清洁纸将周围残迹或飞屑清除干净。

剥切绝缘层过程中，注意控制刀具力度，要求不得损伤线芯导体，剥除绝缘层时线芯不得松散（见图 2-27）。

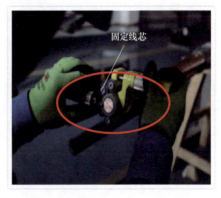

图 2-27　剥除主绝缘层工艺要求

13. 绝缘层表面处理

绝缘层表面处理。绝缘层表面应使用规定砂纸打磨圆整光滑，去除半导电粉尘；清洁纸清洁时方法正确（见图 2-28）。

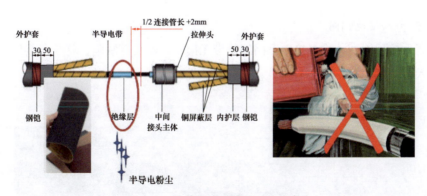

图 2-28　绝缘层表面处理工艺要求

打磨主绝缘时，需注意以下几点：①进行倒角，不用削铅笔头；②用不导电的砂纸打磨主绝缘层，砂纸最大颗粒数不超过 120；③打磨主绝缘时，砂纸不能碰及半导电层或导体，可用 PVC 胶带保护主绝缘附近半导电层或电缆导体；④不能过度打磨，导致绝缘薄弱（见图 2-29）。

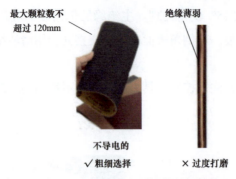

图 2-29　绝缘层表面打磨注意事项

14. 安装尺寸记录

预处理完成后按照实际尺寸做好安装尺寸记录。铜屏蔽与外半导电层绕包半导带，外半导电层绕包 10mm，铜屏蔽绕包 40mm（见图 2-30）。

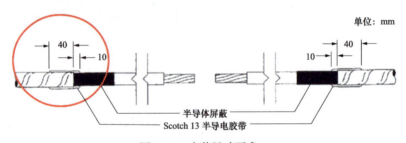

图 2-30　安装尺寸要求

15. 套入接地铜网

套入接地铜网，检查接地铜网编织带无损伤、断股等缺陷，将 3 条接地铜网分别套入短端电缆（见图 2-31）。

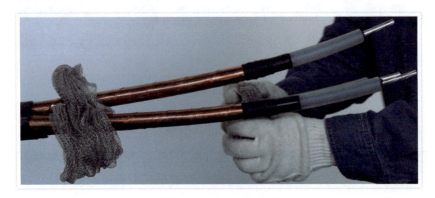

图 2-31　套入接地铜网

16. 套入冷缩接头主体

套入冷缩接头主体。将冷缩接头主体套入长端电缆，支撑物抽出方向应朝长端（两端抽出方向附件，应按两端标注尺寸校验）（见图 2-32）。

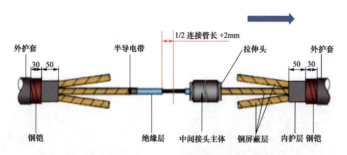

图 2-32　套入冷缩接头主体

17. 压接

金属连接管与电缆线芯压接，应将线芯表面氧化层清除干净，按照先中间后两边的顺序进行压接（见图 2-33）。

图 2-33　线芯压接顺序

金属连接管压接后打磨无毛刺并清洁，金属连接管两端与主绝缘的距离符合要求，连接管两头缝隙先用密封胶带缠绕，再用半导电带先中间后两端缠绕一个来回，最后用 PVC 胶带将半导电带头完全封闭（见图 2-34）。

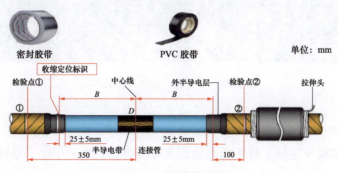

图 2-34　压接接头处理

压接连接管注意事项：

压接连接管前，检查套入冷缩中间接头将冷缩管套入电缆开剥的长端，将铜网套套入电缆开剥的短端无误。收缩冷缩管前，做好冷缩管的防尘保护，建议先不要撕掉包装用塑料袋，冷缩管收缩后再撕掉保护用塑料袋。

压接时应从接管中间向两端交错压接，至少每端压两膜，不要在压接管中心压接（见图2-35）。

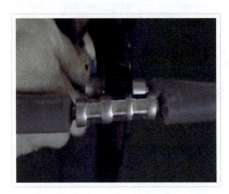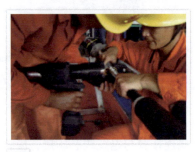

不要压接连接管中心

图2-35 压接工艺注意事项

用砂纸或锉刀磨去接管上的尖角、毛刺和棱边，并清洁干净，在打磨压接管时要防止金属屑落在主绝缘上（见图2-36）。

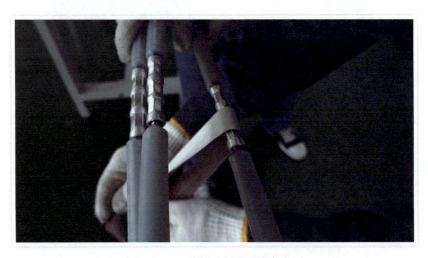

图2-36 压接管毛刺处理注意事项

18.安装冷缩接头主体

安装冷缩接头主体。将主绝缘表面及金属连接管清洁干净，涂抹硅脂（见图2-37）。

硅脂

图 2-37　将主绝缘表面及金属连接管涂抹硅脂

冷缩接头主体安装尺寸符合要求，开始安装前，以导线连接管中心为起点进行尺寸校验，按要求定位（见图 2-38）。

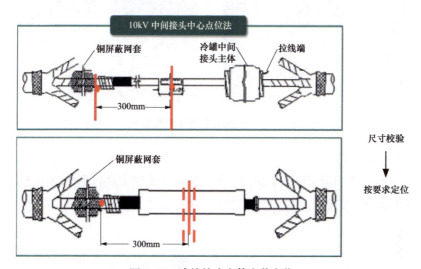

图 2-38　冷缩接头主体安装定位

定位无误后，需 2 人配合，其中 1 人扶稳冷缩管定位端，缓慢抽出管内塑料螺旋条，保证定位安装尺寸无偏移。后续抽出管内塑料螺旋条时应缓慢匀速，直至全部完成。冷缩套管两端先用防水胶带密封再用半导电带缠绕一个来回。依次完成剩余两相冷缩管的安装（见图 2-39）。

图 2-39　安装冷缩接头主体

19. 安装铜网

将铜屏蔽表面氧化层打磨清除干净，铜网与铜屏蔽表面使用恒力弹簧固定牢靠，铜网尾端无尖锐铜丝毛刺（见图 2-40）。

铜网与铜屏蔽表面固定牢靠

图 2-40　安装铜网工艺要求

20. 防水胶带绕包

三相并拢，增加填充物整理固定牢靠，使用防水胶带绕包形成圆柱状，每次绕包搭接 1/2 胶带的宽度，并确保密封良好（见图 2-41）。

图 2-41　防水胶带绕包工艺要求

21. 安装连接钢铠铜编线

安装铜编线，按照安装要求先将钢铠层需要连接的地方进行打磨，清除氧化层和杂质。然后用恒力弹簧牢固固定铜编线，符合接地要求（见图 2-42）。

钢铠层

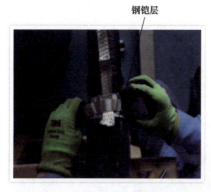

图 2-42 安装铜编线工艺要求

22. 安装铠装带

打开铠装带外包装，从一端搭接外护套 120mm 半重叠绕包铠装带至另一端，并搭接外护套 120mm；然后回缠，直至将配套的钢铠带全部用完，铠装带最后端口用自粘带临时固定，完成后宜 30min 内不要移动电缆（见图 2-43）。

铠装带　　防水胶带　　外护套

注意：30min 内不得移动电缆

外护带　　安装完毕　　铠装带

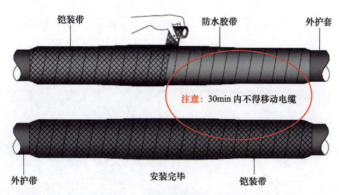

图 2-43 安装铠装带工艺要求

三、作业结束

1. 召开班后会

（1）冷缩电缆中间头制作完成，工作负责人对电缆中间头制作质量依据验收工艺标准进行验收，质量合格工作方可正式结束。

（2）召开班后会，总结回顾工作过程、安全情况。

（3）回顾工作过程，总结安全情况及电缆制作工艺方面存在的问题并进行讲解（见图 2-44）。

图 2-44　召开班后会

2. 现场清理

电缆中间头制作质量验收合格后，操作人员对工作现场进行清理，检查工作中使用的工器具、材料有无遗留作业点。清理电缆线头等废料，工作人员将设备恢复到检修前的状态。工作人员清理现场工器具及仪器仪表，将工具整理后放在指定位置（见图 2-45）。

图 2-45　清理现场

3. 工作终结

工作负责人经检查现场工作已全部完成；现场无遗留物；工作人员检修记录报告填写完整，无漏项；工作负责人指挥工作班成员拆除班组工作任务相应安全措施，办理工作终结手续（见图 2-46）。

图 2-46 工作终结

第三节 安全措施及注意事项

一、作业环境

应在天气晴朗、空气干燥的情况下制作电缆接头。施工场地应清洁，无飞扬的灰尘或纸屑。

依据 GB 50168—2018《电气装置安装工程 电缆线路施工及验收标准》第 7.1.5 条规定："电缆终端与接头制作时，施工现场温度、湿度与清洁度，应符合产品技术文件要求。在室外制作 6kV 及以上电缆终端与接头时，其空气湿度宜为 70% 及以下；当湿度大时，应进行空气湿度调节，降低环境湿度……制作电力电缆终端与接头，不得直接在雾、雨或五级以上大风环境中施工。"

如果在制作中不注意环境因素的影响，电缆头绝缘中由于进入尘埃、杂质等形成气隙，并在强电场下发生局部放电，继而发展为绝缘击穿，造成电缆接头击穿的故障。如果在潮湿的环境中制作，则电缆容易受潮而使得整体绝缘水平下降，另外也容易进入潮气形成气隙而出现局部放电。

二、作业关键点

电缆接头制作各环节均由人工完成，制作工艺水平参差不齐，极易造成电缆接头工艺质量不良，运行后发生局部击穿导致电缆线路被迫停运。因此在电缆接头制作过程中需要特别注意以下各关键点：

1. 电缆剥切

要注意剥切上层时尽量不伤及下层，以免对长期运行造成隐患。剥切时要注意：剥内衬层时不伤及铜屏蔽；剥铜屏蔽时不伤及外半导屏蔽层，铜屏蔽不松散，切口处不翘起尖角；剥外半导屏蔽层时不伤及主绝缘；剥主绝缘时不伤及线芯。外半导电带与屏蔽层要倒 45° 角，且用细砂纸打磨；主绝缘要倒角而不能削铅笔头，以便线芯连接管两端内半导屏蔽层搭接。

2. 压接连接

如果压接管内径与导线线芯配合不妥，空隙过大会使接头电阻值过大，正常运行时发生高温高热易造成主绝缘老化击穿。连接管、线芯外表的棱角、毛刺假设不打磨光滑易造成电场集中引起尖端放电击穿。连接芯线的接触电阻必须比回路中同一长度线芯电阻阻值的 1.2 倍小或相等，抗拉强度一般不低于线芯强度的 70%。必须满足电缆在各种运行状态下安然运行。其绝缘强度要留有必然的裕度，密封性好，水分及导电物体不得侵入接头内。

3. 清洁

交联聚乙烯电缆头制作对清洁工作有严格要求。电缆头制作过程中往往是露天作业，如果制作过程中不注意清洁工作，会造成尘埃、导电颗粒与冷缩件黏连，导致电缆局部放电绝缘击穿。因此制作时要尽量选用环境较好的场地，同时在制作过程中的每一道工序完成后都要用专用清洁剂清洁，确保制作过程的每道工序都保持清洁。

剥好的电缆头进行清洁时特别要注意方向，可沿主绝缘外表向半导屏蔽层进行清洗，连接管打磨后单独清洁；也可主绝缘、半导屏蔽层、连接管分别单独清洁，千万不能用接触过的半导屏蔽层或连接管的清洁纸或白布去清洗主绝缘外表。

4. 台阶倒角处置

电缆剥切后，铜屏蔽层、外半导电层、主绝缘层、内半导电层之间外边会存在一个台阶，为了让台阶处平滑过渡，使得电场均匀分布，防止尖端放电，需要将外半导电层、主绝缘层、内半导电层切面倒 45° 角并用细砂纸打磨光滑。

5. 密封

密封包含两层含义：①防潮；②尽量防止气隙的存在。电力电缆在安装、运行过程中，不允许在导体、绝缘层中存在水分、空气或其他杂质。这些杂质在高强度的电场作用下容易发生电离，带电粒子在交变电场的作用下，使得电缆绝缘层在运行过程中逐渐老化导致击穿，从而引发电缆故障，所以密封工作一定要做好。每相复合管两端及内、外护套管两端都要使用自粘带密封填充，达到有效防潮的目的。

为减少气隙的存在，我们可以做以下工作：

（1）在主绝缘外表均匀涂一层硅脂膏以增强密封的作用。

（2）在安装外护套前要回填填充物，将凹陷处填平，使整个接头呈现一个整齐的圆柱状，用 PVC 胶带缠绕扎紧。

三、其他注意事项

1. 剥除半导电层并清除干净

半导电层在电缆中主要起均匀电场和消除气隙，降低或消除局部放电电量的作用，在制作电缆接头时必须要剥除并清除干净。

半导电层是电缆的一个非常重要的组成部分，在导体表面加一层半导电层，它与导体等电位并与绝缘层良好接触，从而避免在导体与绝缘层之间发生局部放电；同样，在绝缘表面和铜屏蔽层接触处也可能存在间隙，是引起局部放电的因素，故在绝缘层表面加一层半导电层，它与绝缘层有良好的接触，与铜屏蔽层等电位，从而避免在绝缘层与铜屏蔽之间发生局部放电，这一层屏蔽为外半导电层。

2. 采取绕半导电带等改善电缆屏蔽端部电场集中的措施

电缆端头的铜屏蔽断口处，由于电场集中，需要采取绕半导电带等改善电场集中的措施。如果不采取这些措施，则会使得运行电缆在屏蔽层断口处电场集中，成为薄弱环节，容易引发电缆绝缘击穿故障。

思考与练习

一、单选题

1. 目前，电缆护套的保护，普遍采用的是（　　）保护器。

A. 放电间隙

B. 氧化锌避雷器

C. 带间隙碳化硅电阻

D. 氧化硅避雷器

2. 从电缆沟道引至电杆或者外敷设的电缆距地面（　　）高及埋入地下 0.25m 深的一段需加穿管保护。

A. 1.5m   B. 2.0m   C. 2.5m   D. 3.0m

3. 在三相系统中，（　　）将三芯电缆中的一芯接地运行。

A. 不得   B. 可以   C. 应   D. 不应

4. 电力电缆的基本结构可以分为导体、绝缘层和（　　）三大组成部分。

A. 内护层   B. 护层   C. 铠装层   D. 外护套

5. 对于 35kV 及以下电缆用于短距离时，应考虑整盘电缆中截取后不能利用及剩余段的因素，按计算长度计入（　　）的裕量，作为同型号规格电缆的订货长度。

A. 2% ~ 5%

B. 5% ~ 10%

C. 10% ~ 15%

D. 15% ~ 20%

6. 明敷设电缆的接头应用托板托置固定，直埋电缆的接头盒外面应有防止机械损伤的（　　）。

A. 防爆盒   B. 保护盒   C. 防水盒   D. 保护板

7. 制作 10kV 冷缩电缆头时，在护套上口 90mm 处的铜屏蔽带上，分别安装接地（　　），并将三相电缆的铜屏蔽带一同搭在铠装上。

A. 恒力弹簧   B. 铜线   C. 铜网   D. 铜环

8. 电缆终端头接地线必须穿过零序电流互感器，接地线应采用（　　）。

A. 自上而下绝缘导线

B. 自上而下裸导线

C. 自下而上绝缘导线

D. 自下而上裸导线

9. 全电路欧姆定律的数学表达式是（　　）。

A. $I=R/(E+R_0)$

B. $I=R_0/(E+R)$

C. $I=E/R$

D. $I=E/(R_0+R)$

10. 电缆常用的高分子材料中，（　　）字母表示交联聚乙烯。

A. V   B. Y   C. YJ   D. YJV

二、多选题

1. 严禁在（　　）等缆线密集区域布置电缆接头。

A. 变电站电缆夹层　　　　　　　　　　B. 隧道

C. 桥架　　　　　　　　　　　　　　　D. 竖井

2. 防止电缆火灾可采取的措施有（　　）。

A. 防火涂料　　　B. 防火包带　　　C. 防火槽盒　　　D. 防火隔断

3. 交联聚乙烯绝缘电力电缆导体表面应（　　）。

A. 无油污　　　　　　　　　　　　B. 无损伤屏蔽及绝缘的毛刺、锐边

C. 无凸起和断裂的单线　　　　　　D. 无焊接点

4. 电缆的铅套或铝套不能满足短路容量的要求时，应采取（　　）措施。

A. 增大导体截面　　　　　　　　　　B. 增大金属套厚度

C. 增加铜丝屏蔽　　　　　　　　　　D. 增加隔热层

5. 在现场安装中压配电电缆附件之前，其组装部件应试装配，安装现场的（　　）应符合安装工艺要求，严禁在雨、雾、风沙等有严重污染的环境中安装电缆附件。

A. 温度　　　　　B. 湿度　　　　　C. 风速　　　　　D. 清洁度

6. 电缆线路的防火设施必须与主体工程（　　），防火设施未验收合格的电缆线路不得投入运行。

A. 同时设计　　　B. 同批次采购　　　C. 同时施工　　　D. 同时验收

7. 电力电缆的根本构造可以分为（　　）。

A. 导体　　　　　B. 绝缘层　　　　C. 护层

D. 屏蔽层　　　　E. 铠装层

8. 电缆附件类型有（　　）。

A. 绝缘接头　　　B. 终端头　　　　C. 中间接头　　　D. 直通接头

9. 电缆的故障按电缆构造及部位可分为（　　）故障。

A. 电缆支架　　　B. 电缆导体　　　C. 电缆绝缘层

D. 电缆接头　　　E. 电缆终端

10. 电力电缆电气性能是（　　）。

A. 导电性能　　　B. 电绝缘性能　　　C. 机械强度　　　D. 传输特性

三、判断题（认为正确的在括号内画"√"，错误的在括号内画"×"）

1. 直流电桥法是对电缆外护套故障定点的一种很好的方法。（　　）

2. 经过工厂的型式试验，出厂试验的电气设备，竣工验收试验的主要目的是检

查该设备是否在运输、现场安装过程中出现损坏。（　　）

3. 接地箱、交叉互联箱内电气连接部分应与箱体绝缘。箱体本体不得选用铁磁材料，并应密封良好，固定牢固可靠，满足长期浸水要求，防护等级不低于 IP68。（　　）

4. 金属电缆支架全线均应有良好的接地。（　　）

5. 绝缘屏蔽外应设计有缓冲层，采用导电性能优于绝缘屏蔽的半导电弹性材料或半导电阻水膨胀带绕包。（　　）

6. 电缆分割导体如果采用金属绑扎带，应是非磁性的。（　　）

7. 电缆线路可以短时间过负荷运行。（　　）

8. 进行外护层接地电流测试时使用的钳形电流表钳头开口直径应略大于接地线直径。（　　）

9. 塑料电缆的局部放电特性取决于塑料电缆的结构形式、绝缘材料、工艺参数及运行条件。（　　）

10. 并列敷设的电缆，其接头的位置应正确齐。（　　）

第三章　10kV 电缆冷缩终端头制作技术

第一节　作业梗概

一、人员组合

本项目需要 3 人，具体分工见表 3-1。

表 3-1　　　　　　　　　　　　　　人员具体分工

人员分工	人数 / 人
工作负责人	1
操作人	2

二、作业方法

主要工器具配备，主要工器具见表 3-2。

表 3-2　　　　　　　　　　　　　　主要工器具

序号	工器具名称		参考图	规格型号或检验周期	数量	备注
1	防护用品	安全帽、全棉工装、绝缘鞋		塑料安全帽，每年实验 1 次，每次使用前检查 1 次，帽内缓冲带、帽带齐全无损	3 顶	
2	仪表	绝缘接电阻表		2500MΩ，检验周期 5 年 / 次	1 块	

（续表）

序号	工器具名称		参考图	规格型号或检验周期	数量	备注
3	电缆工具	液压（电动）压线钳和断线钳		YXQ-35	1套	
4	工具	电缆剥线钳		多功能电缆剥线钳，包括切、割、剥功能	1把	
5	工具	钢锯		型号 DIY	钢锯1把，锯条若干	
6	标示	电缆制作标志牌		禁止标志牌，警告标志牌	2块	
7	特种砂纸	砂纸		粗砂纸、中砂纸、细砂纸	若干	
8	个人工器具	个人工器具		电工刀、电缆剥皮刀（壁纸刀）、钢丝钳、尖嘴钳、一字螺钉旋具、钢板尺、卷尺等	1套	

第二节 操作过程

一、作业前准备

1.准备着装及防护

（1）制作 10kV 冷缩电缆终端头。

（2）检查个人工器具并佩戴安全帽，安全帽在检验有效期内，外表完整、光洁；帽内缓冲带、帽带齐全无损，外观无破损、松紧适合、安全帽三叉帽带系在耳朵前后并系紧下颌带。

（3）穿全棉长袖工装，着装整齐、戴线手套，穿着整洁，扣好衣扣、袖扣，无错扣、漏扣、掉扣、无破损现象。

（4）穿绝缘鞋，绝缘鞋带绑扎整齐，无松动迹象，如图 3-1 所示。

图 3-1 穿戴着装及劳动保护

2.工器具及材料

（1）工具选择满足工作需要，对工器具进行检查包括外观检查和试验周期检查；外观无破损、光亮，正常使用；试验周期在有效范围内。

（2）电缆附件开箱检查，有 CCC 证、出厂合格证，出厂日期，生产厂家、检测报告，说明书和安装图纸等资料齐全，无裂纹、漏孔和损伤迹象（见图 3-2）。

3.电缆终端头检查

本次作业需要用到的工器具、仪器仪表和材料有电工刀、电缆剥皮刀（壁纸刀）、钢丝钳、尖嘴钳、一字螺钉旋具、钢板尺、卷尺，钢锯工、锉刀、断线钳、绝缘剥除器各 1 把，电动液压钳（手动液压钳）1 套、钢锯条若干、砂纸（粗砂、

图 3-2　工器具及电缆头附件

中砂和细砂）若干；放电棒、万用表、2500V 绝缘电阻表；10kV 交联聚乙烯电缆、10kV 冷缩电缆终端头附件，冷缩电缆终端头附件安装说明书和安装图纸各 1 份。

工作所需工器具逐一经外观检查良好，无明显损坏情形，都在有效试验周期内，能正常使用。冷缩电缆附件开箱检查，查附件外包装情况，看是否存在损伤或其他明显缺陷。还应查看安装图纸是否与电缆型号一致，技术文件是否齐全。制造厂家出厂应附带下列技术文件：生产厂家、出厂日期，出厂合格证、技术说明书、安装使用和维护说明书、随机工具清单及图纸、装箱清单等；对照制造厂家的说明书和装箱单，检查规格、尺寸、数量是否符合技术文件的规定。

在电缆两端 1m 范围内顺直、无明显弯曲，对电缆进行擦拭，确保电缆外表无灰尘异物等。

4. 办理工作票

工作负责人提前 1 天或 2 天对 10kV 冷缩电缆制作现场进行勘察，做好勘察记录并办理配电工作票，经工作签发人、许可人和工作负责人签字实施，见图 3-3。检查安全措施如下。

（1）10kV 冷缩电缆终端头制作工作场地两侧断路器已断开。

（2）10kV 冷缩电缆终端头制作工作地点两侧隔离开关拉开。

（3）10kV 冷缩电缆终端头制作工作地点两侧已装设接地线，接地开关在"合"状态。

（4）在 10kV 冷缩电缆终端头两侧断路器、隔离开关操作把手上悬挂"禁止合闸　线路有人工作"标志牌。

（5）在 10kV 冷缩电缆终端头制作工作地点周围设置围栏，面朝工作人员悬挂"止步　高压危险"标志牌，在围栏入口处悬挂"从此进出"标志牌，见图 3-4。

（6）密闭空间时，通风 30min 后进行气体检测，若不合格，则采用鼓风机排除有害气体。

电力电缆第一种工作票

工作单位编号

1 工作负责人（监护人）班组

2 工作班人员（不包括工作负责人）共＿＿＿人

3 电力电缆双重名称

4 工作任务

工作地点或地段	工作内容

5 计划工作时间

自＿＿＿＿＿＿年＿＿＿月＿＿＿日＿＿＿时＿＿＿分

至＿＿＿＿＿＿年＿＿＿月＿＿＿日＿＿＿时＿＿＿分

6 安全措施（必要时可附页绘图说明）

（1）应拉开的设备名称、应装设绝缘隔板			
变（配）电站或线路名称	应接开的断路器（开关）、隔离开关（刀闸）熔断器(保险)以及应装设的绝缘隔板(注明设备双重名称)	执行人	已执行

（2）应合接地开关或应装接地线		
接地开关双重名称和接地线装设地点	接地线编号	执行人

（3）应设遮拦，应持标示牌	

（4）工作地点保留的带电部分或注意事项（由工作票签发人填写）	（5）补充工作地点保留带电部分和安全措施（由工作许可人填写）

工作票签发人签名＿＿＿＿＿　＿＿＿年＿＿＿月＿＿＿日＿＿＿时＿＿＿分

7 确认本工作票 1～6 项工作　　　　　　　　　　　负责人签名＿＿＿＿＿＿＿＿＿＿

图 3-3　工作票

图 3-4　警示标志牌

二、作业过程

1. 召开工作班前会

工作负责人召集工作人员召开工作班前会，交代工作任务，进行安全技术交底，所有人员在工作票签字并分析制作电缆终端头作业风险和注意事项（见图3-5）。本次作业的风险有6项。

（1）行为危害，预控措施有：按规定履行工作许可手续，严格执行工作报告制度；工作负责人对全体成员进行技术交底和任务分工。

（2）人身伤害，预控措施有：电缆制作过程中应正确佩戴手套。刀具使用受力时不得将刀尖、刀刃朝向自己和他人，防止力量突然消失时伤人。

（3）触电伤害，预控措施有：电缆端头不得直接用手接触，应使用专用的放电棒逐相充分放电后方可开始工作。

（4）机械伤害，预控措施有：压接接线端子时，压钳压伤、挤伤人手，压接过程人员应相互提示，抓扶电缆的人员不得将手伸入压钳口。

（5）交通伤害：预控措施有：行驶过程中严格按照交通规定驾驶车辆；靠近路边施工时，应设置交通警示装置。

（6）有限空间作业，采取通风措施，进入密闭空间需要进行气体检测，若不合格持续采用鼓风机通风。

图 3-5　召开班前会进行技术交底

2. 工器具摆放

如图3-6所示，工作负责人对班组人员交代工作任务，按照要求摆放安全工器具；绝缘手套、线手套、钢锯、液压钳、绝缘电阻表、个人工器具。电缆附件包括色带、砂纸、警示标识牌、钢锯、安全围栏等，对各类工器具分类摆放整齐并逐一检验。

图 3-6　工器具摆放

3. 现场环境检查及工器具检验

（1）温/湿度计摆放在阴凉、通风干燥、避免阳光直射的地方；工作人员进行现场温/湿度检查，若温度超过 37℃停止工作。使用测风仪，测试风速大于 6级，需要采取防风措施，记录数据。若环境湿度在 75% 以下，满足工作要求；若环境湿度超过 75% 时，则禁止施工。若风力超过 6级严禁操作，应采取搭设帐篷进行制作（见图 3-7）。

（2）对接地电阻表查看试验周期、挡位是否归零，手柄是否灵活；10kV 低压电缆终端头附件进行资料检查、外观检查、出厂实验报告及图纸要求，是否在保质期内，是否有生产厂家、生产日期、牌号、产品批号、规格型号；电线电缆附件三证（生产许可证、产品质量合格证、CCC 认证）。

（3）场地干净，工器具分类摆放在帆布上，摆放整齐，使用方便；操作地面没有妨碍物堆放，安全围栏布置合理，操作旁放有垃圾桶，方便存放垃圾。

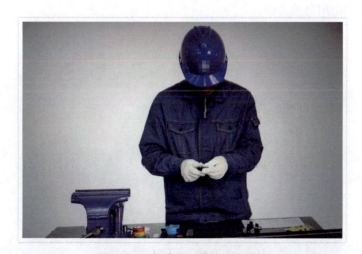

图 3-7　现场检查电缆终端头附件

4. 支撑、校直、外护套擦拭

（1）戴好手套将电缆放入固定架上夹牢，对电缆进行支撑并校直，观察 10kV

电缆断面三相长短是否对齐，若不齐则使用钢锯进行端头 100mm 处锯断，使用清洁纸清除截面毛刺和杂质。

（2）使用毛巾擦去外护套上的污迹和灰尘，防止灰尘带入电缆内部，造成电缆击穿。

（3）把需要制作电缆头固定在制作平台上，以便防止电缆不稳影响制作工艺。

（4）支撑、校直、外护套擦拭。检查电缆状态（有无受潮进水、绝缘偏心、明显的机械损伤等）；现场支撑两段电缆并校直；擦去外护套上的污迹（见图 3-8）。

图 3-8　现场校直及外护套擦拭

5. 电缆断切面锯平

对电力电缆断切面锯平（见图 3-9）。在制作 10kV 电缆冷缩终端头时，首先对电缆制作一端电缆锯断 100mm 电缆截断，防止电缆进水或其他杂质进入电缆内部，影响电缆使用自然寿命。

图 3-9　电缆断切面锯平

6. 剥除外护套

根据 10kV 电缆冷缩终端头附件图纸尺寸，一般情况下在距电缆头 A+B（A 为图纸要求，B 为接线端子孔深 +5mm）剥切外护套。将电缆剥切，展示剥切后的平整切口，用细砂纸打磨切口处下方电缆外护套，注意方向由端头到远端；剥除外护套。剥切尺寸符合要求；切口平整；按附件组装图要求清洁并打磨切口处下方电缆外护套（见图 3-10）。

图 3-10　现场剥离外护套

7. 剥切钢铠

（1）按照 10kV 电缆冷缩终端头附件说明书剥切钢铠，方便安装接地铜接地线，用于试验测量电缆电阻。

（2）使用砂纸对电缆钢铠端部及接地点打磨，用清洁纸擦拭钢铠上的杂物。

（3）在钢铠上面缠绕两层 PVC，防止钢铠松动。

（4）剥切钢铠。按照 10kV 电缆冷缩终端头附件剥切尺寸，剥切面整齐。剥切时不得损伤内护套；端口平整、不松散、无毛刺尖角。切除钢铠时，可以用恒力弹簧临时将钢铠固定，防止钢铠在切除过程中松散（见图 3-11）。

图 3-11　现场剥离钢铠

8. 剥除内护套

在应剥除内护套处用刀子横向切一环形痕，深度不超过内护套厚度的1/2。纵向剥除内护套时，刀子切口应在两芯之间，防止切伤金属屏蔽层，剥除内护套后应将铜屏蔽层末端用PVC胶带扎牢，防止铜屏蔽层松散（见图3-12）。

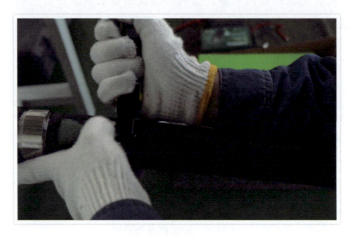

图3-12　现场剥离内护套

9. 去除填充料

10kV电缆凸显填充料展示断面平整；去除填充料（见图3-13）。去除时不得损伤铜屏蔽和导体，在剥离过程中始终刀口朝外，以防伤人。

图3-13　现场去除填空料

10. 固定钢铠地线

有标志的地线用恒力弹簧固定在钢铠上，在恒力弹簧处用绝缘自粘带缠绕2圈，确保接地线固定可靠（见图3-14）。

图 3-14　固定钢铠地线

11. 固定铜屏蔽地线

在三叉根部采用砂纸对铜屏蔽表面氧化层进行清理，将接地线的一头塞入三线芯中间，再将应力锥塞入，用接地线在三线芯根部包绕一圈，用恒力弹簧在接地线外环绕固定，采用绝缘胶带缠绕 2 圈。钢铠接地线与铜屏蔽接地线相差 45°或者 90°夹角，并采取措施保证钢铠接地线与铜屏蔽接地线勿短接（见图 3-15）。

图 3-15　固定铜屏蔽地线

12. 缠填充胶、密封胶及绝缘自粘带

将铜屏蔽处的整个恒力弹簧、接地线及内护层，用填充胶缠绕两层；在填充胶以下的外护套上缠两层密封胶（30mm 左右），将接地线夹在密封胶中间，做防水用；最后在填充胶、密封胶和弹簧外缠一层绝缘自粘带，将接地线毛刺及弹簧完全盖住，并在三芯电缆分叉处把密封胶撕成小块，揉成团团之后填充进分叉的根部，使其外观平整，略呈苹果形，如图 3-16 所示。

图 3-16　缠填充胶、密封胶和绝缘自粘带

13. 安装冷缩指套、长冷缩管

三芯指套套入电缆三个口，将三指的线芯抽出少许，使其略微紧缩，抽出塑料衬管条，抽条时手不要拉着未收缩的冷缩管，使其自然收缩，先收缩根部，再收缩3根指套。安装长冷缩管，慢慢拉动衬管条，使压接3根指套位置一致，沿逆时针方向轻轻拉动衬管条，使冷缩终端收缩紧密，如图3-17、图3-18所示。

图 3-17　安装冷缩指套

图 3-18　安装长冷缩管

14. 剥除铜屏蔽

根据图纸尺寸保留铜屏蔽，在剥除铜屏蔽处缠绕绝缘胶带后（注意胶带反贴），在标记处环切，剥除铜屏蔽（见图3-19）。按照相序缠绕相色条。

理想的切割深度应只有铜屏蔽厚度的2/3，以免伤及外半导电层，铜屏蔽层不得松散，切口平整无毛刺，若有毛刺或尖锐情况应及时进行打磨处理。

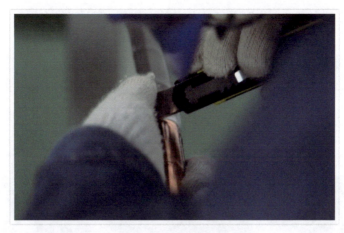

图 3-19　剥除铜屏蔽

15. 剥除外半导电层

在铜屏蔽上端，按照标尺量定距离，环切外半导体如图 3-20 所示，并自下而上切割外半导电层，一般将半导电带分为成三四块，如图 3-21 所示，方便切割。当至电缆顶部时，可用力切一刀，方便剥除半导电层。剥除外半导电层至顶部时，先从外半导电层一侧剥除至顶端一侧，再向其余部分剥除，防止用力过猛造成外半导电层翘起。在外半导电层切割倒角，其与绝缘层平滑过渡。确定收缩定位标志，根据图纸要求在外半导电层断处用绝缘胶带缠绕收缩定位标识（见图 3-22）。

图 3-20　剥除外半导电层

图 3-21　剥除外半导电层（一）

图 3-22　剥除外半导电层（二）

注意，切割力度——力度不宜过小，否则将难以撕开半导电层；力度也不宜过大，否则将划伤主绝缘层。

16. 剥切绝缘层

按照 10kV 端子内孔深度加 5mm 环切电缆主绝缘并剥除；10kV 电缆冷缩终端头制作铅笔头，留有 45° 角度。防止倒角时损伤线芯，通过在线芯处缠绕绝缘自粘带进行保护（见图 3-23）。

图 3-23　剥切主绝缘

17. 清洁绝缘及涂抹绝缘润滑脂、绕半导电带

用砂纸打磨主绝缘表面刀痕，再打磨半导电层。注意，要先打磨绝缘层，再打磨半导电层，切忌不可用打磨过半导电层的砂纸打磨绝缘层，以免半导电颗粒沾上绝缘层，导致绝缘性能下降。用电缆清洁纸擦拭电缆时，须从上往下擦，不能用同一张清洁纸反复擦拭。同样，为避免半导电颗粒沾上绝缘层，擦拭时须戴上 PE 手套，将硅脂膏均匀涂在绝缘表面。在铜屏蔽上缠绕半导电带，搭接冷缩管和外半导电层各 5mm 并和冷缩管缠平（见图 3-24）。

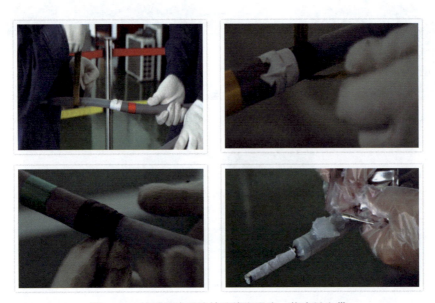

图 3-24　清洁绝缘及涂抹绝缘润滑脂、绕半导电带

18. 安装绝缘冷缩管

将终端穿进电缆线芯，慢慢拉动终端内的衬管条，使终端端头和收缩定位标志对齐，沿逆时针方向轻轻拉动衬管条，使冷缩终端收缩（见图 3-25）。（如收缩时发现终端端头和限位线错位，请及时纠正）。

图 3-25　安装绝缘冷缩管

19. 压接端子收缩密封管

插入端子，调整端子方向，符合国标六角压模压接不少于 2 道（压接铜鼻子，注意要从上往下压）。用钢锉锯将端子上的压痕尖角打磨光滑（打磨前，用绝缘胶带缠绕主绝缘，防止损伤主绝缘）。用无水乙醇纸擦拭接线端子。填充胶将压痕及线芯间隙缠平，然后用密封胶进行包封（见图 3-26）。再将绝缘自粘带缠绕。先套入垫管，抵住绝缘层均匀收缩：然后套入密封管，以终端第一个伞裙为起点收缩密封管：用相同的方法完成其他两相，安装完毕（见图 3-27）。

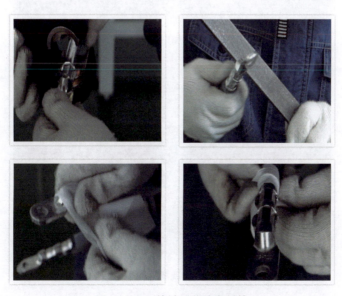

图 3-26　压接端子收缩密封管

图 3-27　现场制作电缆终端头

20. 进行试验

（1）根据电缆制作的电压等级，选择绝缘电阻测量仪并进行检查。

（2）检查电阻测量仪是否正确；选择绝缘电阻仪；E 端接地，L 端分别接入三相逐相进行测试，120r/min 摇动手柄，等指针稳定后读取数据，记录测量数值，看三相电阻是否合格，10kV 电缆一般电阻不小于 400MΩ，合格；小于 400MΩ，不合格（见图 3-28、图 3-29）。

图 3-28　现场电缆实测电阻

图 3-29　现场检验电阻

三、作业结束

1. 召开班后会

（1）清理现场，回收废旧电缆外护套及线头，将工作现场恢复。

（2）有工作负责人，总结回顾 10kV 电缆冷缩终端头工作过程工艺和安全情况，对不足之处提出建设性意见；完成作业后，工作人员清理工作现场，将设备恢复到检修前的状态，恢复送电，做好工作票终结手续；工作负责人召开工后会，总结工作过程，回顾安全情况及制作过程工艺存在的问题（见图 3-30）。

图 3-30　班后会

2. 验收

10kV 电缆冷缩终端头制作完成后，由施工单位邀请施工、设计、建设、运维、监理五方专业技术人员组，选出小组长，组成验收小组进行验收，采取 10kV 电缆冷缩终端头外观验收和电缆接地电阻测试；工作负责人对工作作业情况进行检查：电缆终端头整体外观良好，无明显鼓包及空鼓现象，接地电阻测试合格后，由监理组织填写验收单并由五方签字确认。

3. 工作终结

办理工作票终结手续；工作人员根据检修记录报告格式填写完整，无漏项后，办理工作终结（见图 3-31）。

图 3-31　工作结束办理工作票和记录单

第三节　安全措施及注意事项

一、总结前期安全措施

10kV 电缆冷缩终端头制作技术人员在现场制作过程应做好人员分工，办理现场勘查和工作票，召开班前班后会议并对电缆终端头危险点进行技术交底，让全体人员熟知任务、内容后在工作票上签字。所用的电缆终端头附件均符合国家标准或行业标准并有合格证和检验合格证；电缆钢铠应良好接地，接地线应采用截面积不小于 25mm² 铜绞线；检查电缆两端相位，两端的相位应保持一致。

二、总结制作过程危险点

剥切电缆护套时铠装带、屏蔽层和导体层时，不得损伤主绝缘层，屏蔽层端部要平整，不得有毛刺、棱角。切剥的长度应符合电缆终端头附件图纸中标准长度；剥切电缆铠装时，应使用钳子或电缆剥切专用工具，不得直接用手；收缩材料需要切割时，切割面要平整，不得有尖角或裂口；压接电缆终端头接线端子时，需用压接钳压紧压密，压接至少两道，压接后产生的棱角或毛刺应用扁平锉挫平，雨雪或大雾及 6 级以上大风天气不得施工，若要施工搭设防雨棚或帐篷，注意保暖；若连续作业时要防止汗水滴入绝缘层内，防止受潮，要保持现场清洁、干净、光线充足，操作人员须戴棉线手套；在剥离电缆钢铠时注意避免钢铠划伤手掌。

三、总结制作过程注意事项

在制作电缆终端头时戴好安全帽，穿全棉长袖工作服和绝缘鞋，防止钢铠弹出伤人；剥离电缆时注意使用电缆剥刀方向，始终让刀口向外，防止划伤手背；在电缆制作工艺方面注意下刀要轻，动手要勤，工艺要精，眼睛要亮，观察要细，防止划伤导体，给电缆留下隐患，容易造成电缆击穿，在制作电缆终端头后应对电缆头进行接地电阻测试（绝缘电阻表），作为验证电缆头三相电阻是否合格的工具。

思考与练习

一、单选题

1. 电力电缆的功能，主要是传送的分配大功率（　　）的。

A. 电流   B. 电能   C. 电压   D. 电势

2. 电力电缆的基本构造主要由线芯导体、（　　）和保护层组成。

A. 衬垫层   B. 填充层   C. 绝缘层   D. 屏蔽层

3. 电缆常用的高分子材料中，（　　）字母表示交联聚乙烯。

A. V   B. Y   C. YJ   D. YJV

4. 电力电缆的电容大，有利于提高电力系统的（　　）。

A. 线路电压   B. 功率因数   C. 传输电流   D. 传输容量

5. 交联聚乙烯铠装电缆最小曲率半径为（　　）电缆外径。

A. 10 倍   B. 15 倍   C. 20 倍   D. 25 倍

6. $70mm^2$ 的低压四芯电力电缆的中性线标称截面积为（　　）。

A. $10mm^2$ B. $16mm^2$ C. $25mm^2$ D. $35mm^2$

7. 电缆导线截面积的选择是根据（　　）进行的。

A. 额定电流   B. 传输容量

C. 短路容量   D. 传输容量及短路容量

8. 将三芯电缆做成扇形是为了（　　）。

A. 均匀电场   B. 缩小外径

C. 加强电缆散热   D. 节省材料

9. 铠装主要用以减少（　　）对电缆的影响。

A. 综合力   B. 电磁力   C. 机械力   D. 摩擦力

10. 两边通道有支架的电缆隧道，通道最小为（　　）。

A. 1m   B. 1.2m   C. 1.3m   D. 1.4m

二、多选题

1. 电缆是由（　　）组成的。

A. 线芯   B. 绝缘层   C. 屏蔽层   D. 保护层

2. 电缆线芯的材料应是（　　）。

A. 导电性能好   B. 有好的机械性能

C. 资源丰富的材料   D. 廉价

3. 保护层的作用是保护电缆免受（　　）侵入。

A. 空气　　　　　　B. 小动物　　　　　　C. 杂质　　　　　　D. 水分

4. 电缆线路路径必须便于（　　）。

A. 防腐　　　　　　B. 施工　　　　　　C. 投运后维修　　　　D. 搬迁

5. 电缆保护层由（　　）组成。

A. 内护套　　　　　B. 内衬层　　　　　C. 铠装层　　　　　D. 外护套

6. 电力电缆故障测距方法有（　　）。

A. 电桥法　　　　　　　　　　　　　　B. 低压脉冲法

C. 脉冲电压法　　　　　　　　　　　　D. 脉冲电流法

7. 电力电缆的芯数一般有（　　）形式。

A. 单芯　　　　　　B. 双芯　　　　　　C. 三芯　　　　　　D. 多芯

8. 电缆附件类型是（　　）。

A. 绝缘接头　　　　B. 终端头　　　　　C. 中间接头　　　　D. 直通接头

9. 电力电缆电气性能是（　　）。

A. 导电性能　　　　B. 电绝缘性能　　　C. 机械强度　　　　D. 传输特性

10. 电缆线路竣工验收项目有（　　）。

A. 电缆敷设　　　　B. 电缆终端　　　　C. 电缆接头　　　　D. 土建设施

E. 交接试验报告

三、判断题（认为正确的在括号内画"√"，错误的在括号内画"×"）

1. 电火花、电弧的温度很高，不仅能引起可燃物燃烧，还能使金属熔化、飞溅，构成危险的火源。（　　）

2. 使用喷灯前，应先打足气，点燃时不能戴手套。（　　）

3. 测量电缆线路绝缘电阻时，试验前应将电缆接地放电，以保证测试安全的结果准确。（　　）

4. 电缆分支箱处应安装一根接地线，以长 2m 直径为 50mm 的钢管埋入地下，作为接地极。（　　）

5. 当电力电缆路径与铁路交叉时，宜采用斜穿交叉方式布置。（　　）

6. 中低压电缆终端表面有闪络痕迹时，其原因主要有地区污秽程度严重等。（　　）

7. 相同截面的铜导体的载流量等于铝导体。（　　）

8. 发生局部放电后，电力电缆长时间承受运行电压，会导致热击穿和电击穿。（　　）

9. 电缆直埋敷设时，为防止电缆受外力损坏，应在电缆上方 100mm 的土上再

盖上水泥保护板。（　　）

10. 制作电缆接头的基本要求有导体连接好、绝缘可靠、密封良好和足够的机械强度。（　　）

四、简答题

1. 对电缆的存放有何要求？

_____

_____

_____

2. 制作安装电缆接头或终端头对气象条件有何要求？

_____

_____

_____

第四章 0.4kV 电缆冷缩中间头制作技术

第一节 作业梗概

一、人员组合

本项目需要 3 人，具体人员分工及要求见表 4-1。

表 4-1 人员分工及要求

序号	人员	数量	职责分工
1	工作负责人（监护人）	1	负责组织、指挥作业，作业中全程监护，落实安全措施
2	操作人	2	负责低压电缆冷缩中间接头制作

二、工器具及材料

本项目主要工器具、材料见表 4-2。

表 4-2 主要工器具、材料

序号	工器具名称		参考图	规格型号或检验周期	数量	备注
1	个人工具	安全帽		塑料安全帽，检验每年1次，超过30个月应报废，安全帽各部分齐全无损坏	3顶	
2	个人工具	线手套		—	3双	

序号	工器具名称		参考图	规格型号或检验周期	数量	备注
3	仪表	绝缘电阻表		1000V 绝缘电阻表检验周期每 5 年 / 次	1 套	
4	工器具	绝缘手套		10kV，每 6 个月试验 1 次	1 双	
5	工器具	放电棒		试验 1 次 / 年	1 套	
6	工具	液压钳		电动液压钳（18V）	1 个	
7	工具	电缆制作组合工具		组合工具	1 套	
8	工具	电缆剥线钳		包括切、割、剥功能	1 把	

序号	工器具名称		参考图	规格型号或检验周期	数量	备注
9	工具	钢锯			2 把	
10	工具	锉刀			1 把	
11	工具	电工刀			2 把	
12	材料	电缆		0.4kV YJLV22 电缆，每根不短于 2.5m	2 根	
13	材料	电缆附件		0.4kV 50mm² 电缆中间头附件	1 套	
14	标志牌	电缆制作标志牌		禁止标志牌，指示标志牌	2 块	

第二节 操作过程

一、作业前准备

1. 准备着装及防护

（1）安全帽：需要检查并佩戴安全帽，帽子在检验有效期内、外观无破损、松紧合适、安全帽三叉帽带系在耳朵前后并系紧下颌带。

（2）工作服：穿着全棉长袖工作服，穿着整洁，扣好衣扣、袖扣、无错扣、漏扣、掉扣、无破损。

（3）绝缘鞋：穿绝缘鞋，鞋带绑扎扎实、整齐，无安全隐患（见图 4-1）。

图 4-1 标准着装及防护

2. 准备并检查工器具及材料

本次作业需要用到的工具器、仪器仪表和材料有电工刀、电缆剥皮刀（壁纸刀）、钢丝钳、尖嘴钳、一字螺钉旋具、钢板尺、卷尺、钢锯、锉刀、断线钳、绝缘剥除器各 1 把，电动液压钳（手动液压钳）1 套、钢锯条、砂纸（各种目数）若干；电工万用表、1000V 绝缘电阻表；0.4kV 交联电缆、0.4kV 冷缩电缆中间头附件，冷缩电缆中间头附件安装说明书 1 份（见图 4-2~图 4-4）。

图 4-2　工器具及人员准备

图 4-3　主要工器具

图 4-4　电缆中间接头附件

（1）工作所需工器具逐一经外观检查良好，无明显损坏情形，能正常使用。

（2）低压电缆冷缩中间接头附件开箱检查，查附件外包装情况，看是否存在损伤或其他明显缺陷。还应查看安装图纸是否一致，技术文件是否齐全。一般制造厂家出厂应附带下列技术文件：出厂合格证、技术说明书、安装使用和维护说明书、随机工具清单及图纸、装箱单等。

（3）对照制造厂家的说明书和装箱单，检查规格、尺寸、数量是否符合技术文件的规定。

（4）电缆两端 1m 范围内顺直、无明显弯曲，电缆外表无灰尘异物等。

3. 办理工作票

作业开始前，为保证现场安全，需要工作票签发人或工作负责人认为有必要现场勘察的配电检修（施工）作业，应根据工作任务组织现场勘察，并依据现场实际情况填写现场勘察记录，办理低压工作票并履行许可手续（见图 4-5）。

现场勘察记录格式
现场勘察记录

勘察单位：＿＿＿＿＿＿＿＿＿＿　部门（或班组）：＿＿＿＿＿＿＿＿＿＿　编号＿＿＿＿

勘察负责人＿＿＿＿＿；勘察人员：＿＿＿＿＿＿＿＿＿＿＿＿＿＿＿＿＿＿＿

勘察的线路名称或设备双重名称（多回应注明双重称号及方位）：

＿＿＿＿＿＿＿＿＿＿＿＿＿＿＿＿＿＿＿＿＿＿＿＿＿＿＿＿＿＿＿＿＿＿

工作任务［工作地点（地段）和工作内容］：＿＿＿＿＿＿＿＿＿＿＿＿＿＿＿

＿＿＿＿＿＿＿＿＿＿＿＿＿＿＿＿＿＿＿＿＿＿＿＿＿＿＿＿＿＿＿＿＿＿

现场勘察内容：

1. 工作地点简要停电的范围
2. 保留的带电部位
3. 作业现场的条件、环境及其他危险点［应注明：交叉、邻近（同杆塔、并行）电力线路；多电源、自发电情况；地下管网沟道及其他影响施工作业的设施情况］
4. 应采取的安全措施（应注明：接地线、绝缘隔板、遮拦、围栏、标示牌等装设位置）
5. 附图与说明

记录人：＿＿＿＿＿＿＿＿＿＿＿＿　　勘察日期：＿＿＿＿年＿＿月＿＿日＿＿时

图 4-5　现场勘察记录和低压工作票（一）

低压工作票格式低压工作票

单位_____   编号_____

1. 工作负责人_____ 班组 _____

2. 工作班成员（不包括工作负责人）：_____

_____ 共_____人。

3. 工作的线路名称或设备双重名称（多回路应注明双重称号及方位）、工作任务：

_____

_____

4. 计划工作时间：自_____年____月____日____时____分至_____年____月____日____时____分

5. 安全措施（必要时可附页绘图说明）：

5.1 工作的条件和应采取的安全措施（停电、接地、隔离和装设的安全遮拦、围栏、标示牌等）：

_____

_____

5.2 保留的带电部位：

_____

_____

5.3 其他安全措施和注意事项：

_____

_____

工作票签发人签名：_____，_____ _____年____月____日____时____分

工作负责人签名：_____ _____年____月____日____时____分收到工作票

6. 工作许可

6.1 现场补充的安全措施：

_____

6.2 确认本工作票安全措施正确完备，许可工作开始：

许可方式：_____ 许可工作时间：_____年____月____日____时____分

工作许可人签名：_____ 工作负责人签名：_____

7. 现场交接、工作班成员确认工作负责人布置的工作任务、人员分工、安全措施和注意事项并签名：

_____

_____

8. 工作票终结：

工作班现场所装设接地线共_____组、个人保安线共_____组已全部拆除，工作班人员已全部

图 4-5 现场勘察记录和低压工作票（二）

4. 检查安全措施

（1）电缆中间接头制作工作地点两侧断路器已断开。

（2）电缆中间接头制作工作地点两侧隔离开关拉开。

（3）电缆中间接头制作工作地点至少一侧已装设接地线，接地开关在"合"状态。

（4）在两侧断路器、隔离开关操作把手上悬挂"禁止合闸　线路有人工作"标志牌。

（5）在工作地点周围设置围栏，面朝工作人员悬挂"止步　高压危险"标志牌，在围栏入口处悬挂"从此进出"标志牌（见图4-6）。

图4-6　现场标准化布防

二、作业过程

1. 召开班前会

工作负责人召集工作人员召开班前会，交代工作任务，进行安全技术交底，并分析作业风险（见图4-7）。

图4-7　班前会

本次作业的风险点及预控措施如下。

（1）行为危害，预控措施有按规定履行工作许可手续，严格执行工作报告制度；工作负责人对工作班成员进行技术交底。

（2）人身伤害，预控措施有电缆制作过程中应正确佩戴手套。刀具使用受力时不得将刀尖、刀刃朝向自己或他人，防止力量突然消失时伤人。

（3）电击伤害，预控措施有不得直接用手接触电缆端头，应使用专用的放电棒逐相充分放电后方可开始工作。

（4）机械伤害，预控措施有压接接线端子时，压钳压伤、挤伤人手，压接过程人员应相互配合，抓扶电缆的人员不得将手伸入压钳钳口。

2. 工器具摆放及现场环境检查

（1）工器具摆放：工作人员将工作所需的工具、仪表、材料分类摆放整齐；工器具要摆放在干净的防潮铺布上（工作台上），如图 4-8 所示。

图 4-8　工器具检查及定制摆放

（2）现场环境检查：工作人员进行现场温/湿度、风速检查是否符合现场制作要求。一般连续 5 天日平均气温低于 5℃时，进入冬季施工，电缆接头制作应采取工作地点搭设帐篷等保温措施。

1）湿度：若环境湿度在 75% 以下，满足工作环境要求；若环境湿度超过 75% 时，禁止施工。

2）风速：风速小于等于 5 级时满足现场环境要求；若风力超过 5 级严禁露天操作，需要采取防风措施。

3. 支撑、校直、外护套擦拭

作业人员检查电缆状态（有无受潮进水、绝缘偏心、明显的机械损伤等）；现场支撑两段电缆并校直；擦去外护套上的污迹。

（1）把需要制作电缆中间接头的电缆段固定在制作平台夹具上，确保夹持牢固，不损伤电缆外护套。

（2）戴工作手套将电缆支撑并校直，1m范围内无明显弯曲，确保后期制作过程中导线线芯长度变化一致（见图4-9）。

（3）使用毛巾擦去电缆外护套上的污迹，确保电缆表面清洁无明显异物（见图4-10）。

（4）使用无水乙醇清洁纸擦去外护套上的污迹，保证电缆外护套表面清洁，无导电异物或杂质。

图4-9　电缆固定、校直

图4-10　电缆外护套擦拭

4. 电缆断切面锯平

电缆四相线芯锯口不在同一平面或导体切面凹凸不平应锯平（见图4-11），保证后期压接时长度一致，尺寸偏差符合规范要求（见图4-12）。

图 4-11　电缆断切面锯平

图 4-12　锯平处理后电缆的切面

5. 剥除外护套

第一步：仔细阅读低压电缆中间头制作说明书。

第二步：环切电缆外护套并剥除。

第三步：用细砂纸打磨切口处下方 100mm 电缆外护套（见图 4-13 ）。

图 4-13　剥除外护套

注意事项：

（1）剥切尺寸符合要求、切口平整。

（2）按附件组装图要求清洁并打磨切口处下方电缆外护套。

6. 剥切钢铠

第一步：按照安装说明剥切钢铠（见图 4-14）。

第二步：打磨钢铠端部切口。

图 4-14　剥切钢铠

注意事项：

（1）剥切尺寸符合要求，切面整齐。

（2）剥切时不得损伤内护套。

（3）端口平整、不松散、无毛刺尖角。

7. 剥切内护套

第一步：剥切内护套（见图 4-15）。

第二步：对内护套剥切面进行修正。

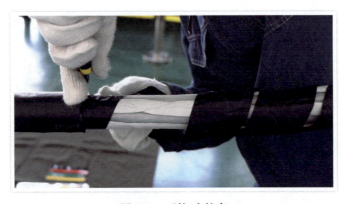

图 4-15　剥切内护套

注意事项：剥切尺寸符合要求，环切口平整。

8. 去除填充料

环切去除填充料（见图 4-16）。

图 4-16　去除填充料

注意事项：断面平整；去除时刀口朝外。

9. 剥切绝缘层

第一步：按照尺寸环切主绝缘并剥除（见图 4-17）。

第二步：制作铅笔头标记剥切长度（见图 4-18）。

第三步：打磨光滑并清洁（见图 4-19）。

图 4-17　确定剥切长度
（1/2 压接管长度 +3mm）

图 4-18　标记剥切长度

图 4-19　剥切绝缘层

注意事项：

（1）剥切尺寸符合要求。

（2）绝缘断口做倒角处理，将线芯上半导电残迹清除干净。

（3）不得损伤线芯导体，剥除绝缘层时线芯不得松散。

10. 套入冷缩接头主体

第一步：标记相色，将冷缩接头主体套入（见图 4-20、图 4-21）。

第二步：校核安装位置正确。

图 4-20 标记相色   图 4-21 套入冷缩接头主体

注意事项：将冷缩接头主体套入长端电缆，支撑物抽出方向应朝向长端。

11. 金属连接管压接

第一步：清洁金属导体。

第二步：正确压接（见图 4-22）。

第三步：锉刀打磨（见图 4-23）。

第四步：无水乙醇清洁纸清洁（见图 4-24）。

第五步：绝缘自粘带（密封胶）填平缝隙（见图 4-25）。

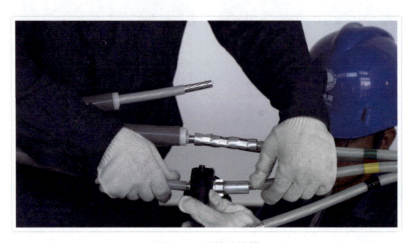

图 4-22 压接连接管

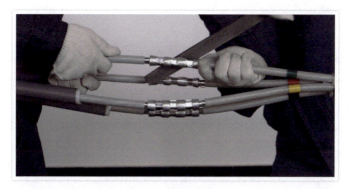

图 4–23　锉刀打磨

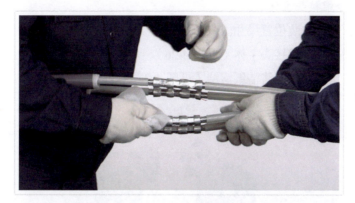

图 4–24　清洁导体

图 4–25　填平缝隙

注意事项：

（1）将线芯表面氧化层清除干净。

（2）按照先中间后两边的顺序进行压接。

（3）金属连接管压接后打磨无毛刺并清洁。

（4）金属连接管两端与主绝缘的距离符合要求，连接管两头缝隙用绝缘自粘带

（密封胶带）缠绕。

（5）压接接管注意事项：

1）压接接管前，套入冷缩中间接头将冷缩管套入电缆开剥的长端，收缩冷缩管前，做好冷缩管的防尘保护，建议先不要撕掉包装用塑料袋，冷缩管收缩后再撕掉保护用塑料袋。

2）压接时应从接管中间向两端交错压接，至少每端压两膜，不要压接接管中心。

3）用砂纸或锉刀磨去接管上的尖角、毛刺和棱边，并清洁干净，在打磨接管时要防止金属屑落在主绝缘上。

12. 安装冷缩接头主体

第一步：校核安装位置尺寸。

第二步：安装冷缩接头主体（见图4-26）。

第三步：用无水乙醇清洁纸清洁（见图4-27）。

图4-26　校准并安装冷缩接头主体

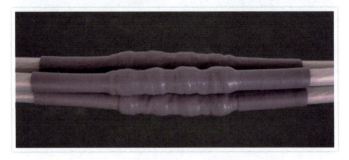

图4-27　冷缩接头主体安装并清洁完毕

13. 防水胶带绕包

使用防水胶带绕包形成圆柱状，每次绕包搭接1/2的胶带宽度，并确保密封良好（见图4-28、图4-29）。

图 4–28　第一层绕包

图 4–29　第二层绕包

注意事项：4 相并拢整理固定牢靠；密封良好。

14. 安装铠甲带

第一步：防水绕包（见图 4-30）。

第二步：安装铠甲带（见图 4-31~ 图 4-33）。

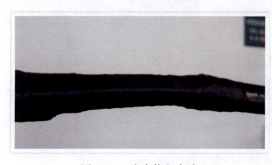

图 4–30　防水绕包完成

图 4–31　铠甲带软化处理

图 4-32　安装铠甲带

图 4-33　制作完成的电缆中间接头

注意事项：铠甲带须紧密贴附，安装完成后 30min 内不得移动电缆。

15. 进行试验

第一步：选择绝缘电阻表。

第二步：检查绝缘电阻表是否合格（见图 4-34）。

第三步：测量电缆绝缘电阻（见图 4-35）。

图 4-34　绝缘电阻表检测

图 4-35　测量电缆绝缘电阻

注意事项：选择 1000V 绝缘电阻表，对 4 相导线逐一进行测试。

三、作业结束

1. 召开班后会

（1）完成作业后，工作人员清理工作现场，将工具整理后放在指定位置。

（2）召开班后会，总结回顾工作过程，总结安全情况及电缆制作工艺方面存在的问题并进行讲解（见图 4-36）。

图 4-36　召开班后会

2. 验收

工作负责人还要对工作作业情况进行检查验收：电缆中间接头整体外观良好，无明显鼓包及空鼓现象。

3. 工作终结

工作负责人经检查现场工作已全部完成；现场无遗留物；工作人员检修记录报告填写完整，无漏项；工作负责人指挥工作班成员拆除班组工作任务相应安全措施，办理工作终结手续（见图 4-37）。

图 4-37　办理工作终结手续

第三节　安全措施及注意事项

一、基本要求

（1）电缆头在安装时要防潮，不应在雨天、雾天、大风天做电缆头，平均气温低于 0℃时，电缆应预先加热。

（2）施工中要保证手和工具、材料的清洁，操作时不应做其他无关的事。

（3）所用电缆附件应预先试装，检查规格是否同电缆一致，各部件是否齐全，检查出厂日期，检查包装（密封性），防止剥切尺寸发生错误。

（4）电缆在制作完成前后要试验绝缘电阻表进行试验合格。

二、质量要求

1. 线芯连接好

主要是连接电阻小而且连接稳定，能经受起故障电流的冲击，长期运行后其接触电阻应不大于电缆线芯本体同长度电阻的 1.2 倍，并具有一定的机械强度、耐振动、耐腐蚀性能。

2. 绝缘性能好

电缆附件的绝缘性能应不低于电缆本体，所用绝缘材料的介质损耗要低，在结构上应对电缆附件中电场的突变能完善处理，有改变电场分布的措施。

三、安全措施及注意事项

1. 作业环境

电缆接头制作应在天气晴朗、空气干燥的情况下进行。施工场地应清洁，无飞扬的灰尘或纸屑。

依据 GB 50168—2018《电气装置安装工程　电缆线路施工及验收标准》第 7.1.5 条规定："电缆终端与接头制作时，施工现场温度、湿度与清洁度，应符合产品技术文件要求。在室外制作电缆终端与接头时，其空气湿度宜为 70% 及以下；当湿度大时，应进行空气湿度调节，降低环境湿度……制作电力电缆终端与接头，不得直接在雾、雨或五级以上大风环境中施工。"

如果在制作中不注意环境因素的影响，电缆头绝缘中由于进入尘埃、杂质等形成气隙，并在强电场下发生局部放电，继而发展为绝缘击穿，造成电缆接头击穿的故障。如果在潮湿的环境中制作，则电缆容易受潮而使得整体绝缘水平下降，另外也容易进入潮气形成气隙而出现局部放电。

2. 作业关键点

电缆接头制作各环节均由人工完成，制作工艺水平参差不齐，极易造成电缆接头工艺质量不良，运行后发生局部击穿导致电缆线路被迫停运，因此在电缆接头制作过程中需要特别注意以下各关键点：

（1）电缆剥切。要注意剥切上层时尽量不伤及下层，以免对长期运行造成安全隐患。剥切电缆护套时铠装带和导体层时，不得损伤主绝缘层，切剥的长度应符合电缆终端头附件图纸中标准长度；剥切电缆铠装时，应使用钳子或电缆剥切专用工具，不得直接用手；收缩材料需要切割时，切割面要平整，不得有尖角或裂口。

（2）压接连接。如果压接管内径与导线线芯配合不妥，空隙过大会使接头电阻值过大，正常运行时发生高温高热易造成主绝缘老化击穿。连接管、线芯外表的棱角、毛刺假设不打磨光滑易造成电场集中引起尖端放电击穿。连接芯线的接触电阻必须小于或等于回路中同一长度线芯电阻的 1.2 倍，抗拉强度一般不低于线芯强度的 70%。必须满足电缆在各种运行状态下安然运行。其绝缘强度要留有必然裕度，密封性好，水分及导电物体不得侵入接头内。

（3）清洁。交联聚乙烯电缆头制作对清洁工作有严格要求。电缆头制作过程中往往是露天作业，如果制作过程中不注意清洁工作，会造成尘埃、导电颗粒与冷缩件黏连，导致电缆局部放电绝缘击穿。因此制作时要尽量选用环境较好的场地，同时在制作过程中的每一道工序完成后都要用专用清洁剂清洁，确保制作过程的每道工序都保持清洁。

（4）密封。密封包含两层含义：一要防潮；二要尽量防止气隙的存在。电力电缆在安装、运行过程中，不允许在导体、绝缘层中存在水分、空气或其他杂质。这些杂质在高强度的电场作用下容易发生电离，带电粒子在交变电场的作用下，使得电缆绝缘层在运行过程中逐渐老化导致击穿，从而引发电缆故障，所以密封工作一定要做好。每相复合管两端及内、外护套管两端都要使用自粘带密封填充，达到有效防潮。为减少气隙的存在，我们可以做以下工作：

1）在主绝缘外表均匀涂一层硅脂膏以增强密封的作用。

2）在安装外护套前要回填填充物，将凹陷处填平，使整个接头呈现一个整齐的圆柱状，用PVC胶带缠绕扎紧。

3. 其他注意事项

（1）在制作电缆中间接头时戴好安全帽，穿全棉长袖工作服和绝缘鞋，防止钢铠弹出伤人。

（2）剥离电缆时注意电缆剥刀方向，始终让刀口向外，防止划伤手背。

（3）在电缆制作工艺方面注意下刀要轻，动手要勤，工艺要精，眼睛要亮，观察要细，防止划伤导体，给电缆安全留下隐患。

思考与练习

一、单选题

1. 电力电缆的功能，主要是传送和分配大功率（　　）的。

A. 电流　　　　　　B. 电能　　　　　　C. 电压　　　　　　D. 电势

2. 电力电缆外护层结构，用裸钢带铠装时，其型号脚注数字用（　　）表示。

A. 2　　　　　　　B. 12　　　　　　　C. 20　　　　　　　D. 30

3. 电缆钢丝铠装层的主要作用是（　　）。

A. 抗压　　　　　　B. 抗拉　　　　　　C. 抗弯　　　　　　D. 抗腐

4. 电缆管内径应不小于电缆外径的 1.5 倍，水泥管、陶土管、石棉水泥管，其内径应不小于（　　）。

A. 70mm　　　　　B. 80mm　　　　　C. 90mm　　　　　D. 100mm

5. 使用绝缘电阻表测量电缆线路的绝缘电阻，应采用（　　）。

A. 护套线　　　　　B. 软导线　　　　　C. 屏蔽线　　　　　D. 硬导线

6. 使用绝缘电阻表测量绝缘电阻，正常摇测转速为（　　）rad / min。

A. 90　　　　　　　B. 120　　　　　　C. 150　　　　　　D. 180

7. 电力电缆、可燃性气体与易燃冶铁管道（沟）之间的最小交叉净距为（　　）。

A. 1.5m　　　　　　B. 1.0m　　　　　　C. 0.8m　　　　　　D. 0.5m

8. 下列不属于电缆线路原始记录的是（　　）。

A. 长度　　　　　　　　　　　　B. 出厂试验报告

C. 设备参数型号　　　　　　　　D. 型式试验报告

9. 电力电缆试验要拆除接地线时，应征得工作许可人的许可（根据调控人员指令装设的接地线，应征得调控人员的许可）方可进行。工作完毕应立即（　　）。

A. 汇报　　　　　　B. 恢复　　　　　　C. 终结工作　　　　D. 填写记录

10. 电缆耐压试验分相进行时，另两相电缆应（　　）。

A. 可靠接地　　　　　　　　　　B. 用安全围栏与被试相电缆隔开

C. 用绝缘挡板与被试相电缆隔开　　D. 短接

二、多选题

1. 电缆终端有（　　）终端、变压器终端等类型。

A. 户外　　　　　　B. 户内　　　　　　C. GIS　　　　　　D. 预制式

2. 电缆线路接地系统由（　　）及分支箱接地网组成。

A. 终端接地 　　　　　　　　　　　　B. 接头接地网

C. 终端接地箱 　　　　　　　　　　　D. 护层交叉互联箱

3. 电缆附属设备是（　　）等电缆线路附属装置的统称。

A. 避雷器 　　　　　　　　　　　　　B. 供油装置

C. 接地装置 　　　　　　　　　　　　D. 在线监测装置

4. 电缆附属设施是（　　）电缆终端站等电缆线路附属部件的统称。

A. 电缆支架 　　　　B. 标识标牌 　　　　C. 防火设施 　　　　D. 防水设施

5. 电缆通道是（　　）电缆桥、电缆竖井等电缆线路的土建设施。

A. 电缆隧道 　　　　B. 电缆沟 　　　　　C. 排管 　　　　　　D. 直埋

6. 电缆外护套表面上应有耐磨的（　　）等信息。

A. 型号规格 　　　　B. 码长 　　　　　　C. 制造厂家 　　　　D. 出厂日期

7. 终端用的套管等易受外部机械损伤的绝缘件，应放于原包装箱内，用（　　）等围遮包牢。

A. 泡沫塑料 　　　　B. 草袋 　　　　　　C. 玻璃 　　　　　　D. 木料

8. 电缆线路的载流量，应根据电缆导体的允许工作温度、（　　）等计算确定。

A. 电缆各部分的损耗和热阻 　　　　　B. 敷设方式

C. 并列回路数 　　　　　　　　　　　D. 环境温度及散热条件

9. 电缆附件应齐全、完好，（　　）和环境要求一致。

A. 型号 　　　　　　B. 规格 　　　　　　C. 绝缘程度 　　　　D. 电缆类型

10. 在对电缆附件进行例行试验时，橡胶预制件，热缩材料的内、外表面应光滑，没有因（　　）引起的肉眼可见的斑痕、凹坑、裂纹等缺陷。

A. 材质 　　　　　　B. 生产设备问题 　　C. 加工环境 　　　　D. 工艺不良

三、判断题（认为正确的在括号内画"√"，错误的在括号内画"×"）

1. 电缆护层主要分为金属护层、橡塑护层和组合护层。（　　）

2. YJLV22- 表示交联聚乙烯绝缘、钢带铠装、聚氯乙烯护套铝芯电力电缆。（　　）

3. 电缆的导体截面积则等于各层导体截面积的总和。（　　）

4. 电缆线芯相序的颜色，U 相为黄色、V 相为绿色、W 相为红色、接地线和中性线为黑色。（　　）

5. 多芯及单芯塑料电缆的最小曲率半径为电缆外径的 15 倍。（　　）

6. 10kV 电缆终端头和接头的金属护层之间必须连通接地。（　　）

7. 并列运行的电力电缆，其同等截面和长度要求基本相同。（　　）

8. 敷设电缆时，须考虑电缆与热管道及其他管道的距离。（　　）

9. 电缆接头的防水应采用铜套，必要时可增加玻璃钢防水外壳。（　　）

10. 在高速公路、铁路等局部污秽严重的区域，应对电缆终端套管涂上防污涂料，或者适当增加套管的绝缘等级。（　　）

第五章　0.4kV 电缆冷缩终端头制作技术

第一节　作业梗概

一、人员组合

本项目需要 2 人，具体分工见表 5-1。

表 5-1　　　　　　　　　　　　　　人员具体分工

人员分工	人数 / 人
监护人	1
操作人	1

二、作业方法

主要工器具配备见表 5-2。

表 5-2　　　　　　　　　　　　　　主要工器具

序号	工器具名称		参考图	规格型号或检验周期	数量	备注
1	个人工具	安全帽		塑料安全帽，每年试验 1 次，每次使用前检查 1 次，帽内缓冲带、帽带齐全无损坏	4 顶	
2	仪表	绝缘电阻表		1000MΩ 或 500MΩ，检验周期每 5 年 1 次	1 块	

（续表）

序号	工器具名称		参考图	规格型号或检验周期	数量	备注
3	电缆工具	电动压线钳和断线钳		YXQ-35	1组	
4	电缆工具	电缆剥线钳		多功能电缆剥线钳，包括切、割、剥功能	1把	
5	工具	钢锯		型号 DIY	若干	
6	电缆工具	电缆制作组合工具		组合工具	1套	
7	标示	电缆制作标志牌		禁止标志牌，警告标志牌	2块	
8	特种砂纸	砂纸		粗砂纸、中砂纸、细砂纸	若干	

第二节 操作过程

一、作业前准备

1. 准备着装及防护

0.4kV 电缆冷缩终端头制作；首先要检查个人工器具并佩戴安全帽，安全帽在有效检验期内，外表完整、光洁；帽内缓冲带、帽带齐全无损，外观无破损、松紧合适、安全帽三叉帽带系在耳朵前后并系紧下颌带；穿工装，着装整齐、戴线手套，穿着整洁，扣好衣扣、袖扣、无错扣、漏扣、掉扣、无破损；穿绝缘鞋，绝缘线鞋带绑扎整齐，无松动迹象，如图 5-1 所示。

图 5-1 穿戴着装及劳动保护

2. 工器具及材料

（1）选择工器具应满足工作需要，对工器具进行检查，包括外观检查和试验周期检查；外观无破损、光亮，正常使用；试验周期在有效范围内，如图 5-2 所示。

（2）开箱检查电缆附件，有 CCC 证、出厂合格证、出厂日期、生产厂家、检测报告、说明书和安装图纸等资料齐全，无裂纹、漏孔和损伤迹象，如图 5-3 所示。

3. 电缆终端头检查

（1）本次作业需要用到的工器具、仪器仪表和材料有电工刀、电缆剥皮刀（壁纸刀）、钢丝钳、尖嘴钳、一字螺钉旋具、钢板尺、卷尺、钢锯、锉刀、断线钳、绝缘剥除器各 1 把，电动液压钳（手动液压钳）1 套、钢锯条若干、砂纸（粗砂、

图 5-2 工器具及材料

图 5-3 低压电缆头附件

中砂和细砂）若干；电工刀、放电棒、万用表、1000V 绝缘电阻表或 500V 绝缘电阻表；0.4kV 交联电缆头、0.4kV 冷缩电缆终端头附件，冷缩电缆终端头附件安装说明书和安装图纸各 1 份。

（2）工作所需工器具逐一经外观检查良好，无明显损坏情形，均在有效试验周期内，能正常使用。冷缩电缆附件开箱检查，检查附件外包装情况，看是否存在损伤或其他明显缺陷。还应查看安装图纸是否与电缆型号一致，技术文件是否齐全。制造厂家出厂应附带下列技术文件：生产厂家、出厂日期、出厂合格证、技术说明书、安装使用和维护说明书、随机工具清单及图纸、装箱清单等；对照制造厂家的说明书和装箱单，检查规格、尺寸、数量是否符合技术文件的规定。

（3）在电缆两端 1m 范围内顺直、无明显弯曲，对电缆进行擦拭，确保电缆外表无灰尘异物等。

4. 办理工作票

工作负责人提前一两天对低压电缆制作现场进行勘察，做好勘察记录并办理配电工作票，经工作签发人、许可人和工作负责人签字实施，如图 5-4 所示。

5. 检查安全措施

（1）0.4kV 电缆终端头制作工作地点两侧断路器已断开。

（2）0.4kV 电缆终端头制作工作地点两侧隔离开关已拉开。

（3）0.4kV 电缆终端头制作工作地点至少一侧装设接地线，接地开关在"合"状态。

（4）在两侧断路器、隔离开关操作把手上悬挂"禁止合闸 线路有人工作"标志牌。

（5）在工作地点周围设置围栏，面向工作人员悬挂"止步 高压危险"标志牌，在围栏入口处悬挂"在此工作"标志牌，如图 5-5 所示。

电力电缆第一种工作票

工作单位编号

1 工作负责人（监护人）班组

2 工作班人员（不包括工作负责人）共____人

3 电力电缆双重名称

4 工作任务

工作地点或地段	工作内容

5 计划工作时间

自_____年____月____日____时____分

至_____年____月____日____时____分

6 安全措施（必要时可附页绘图说明）

（1）应拉开的设备名称、应装设绝缘隔板			
变（配）电站或线路名称	应拉开的断路器（开关）、隔离开关（刀闸）熔断器(保险)以及应装设的绝缘隔板(注明设备双重名称)	执行人	已执行

（2）应合接地开关或应装接地线		
接地开关双重名称和接地线装设地点	接地线编号	执行人

（3）应设遮拦，应挂标示牌

（4）工作地点保留的带电部分或注意事项（由工作票签发人填写）	（5）补充工作地点保留带电部分和安全措施（由工作许可人填写）

工作票签发人签名_____ ____年____月____日____时____分

7 确认本工作票1～6项工作 　　　　　　　　　　　　负责人签名_____

图 5-4　工作票

图 5-5　警示标志牌

二、作业过程

1. 召开工作前会议

工作负责人召集工作人员召开工作前会议，交代工作任务，进行安全技术交底（见图 5-6），所有人员在工作票签字并分析制作电缆终端头作业风险和注意事项；本次作业的风险有以下 4 项。

（1）行为危害。预控措施有按规定履行工作许可手续，严格执行工作报告制度；工作负责人对全体成员进行技术交底和任务分工。

（2）人身伤害。预控措施有电缆制作过程中应正确佩戴手套。刀具使用受力时不得将刀尖、刀刃朝向自己或他人，防止力量突然消失时伤人。

图 5-6　召开班前会进行技术交底

（3）电击伤害。预控措施有不得直接用手接触电缆端头，应使用专用的放电棒逐相充分放电后方可开始工作。

（4）机械伤害。预控措施有防止压接接线端子时，压钳压伤、挤伤人手，压接过程人员应相互提示，抓扶电缆的人员不得将手伸入压口。

2. 工器具摆放

工作负责人对班组人员交代工作任务，按照要求摆放安全工器具、绝缘手套、线手套、钢锯、液压钳、绝缘电阻表、个人工器具；电缆附件；色带、砂纸、警示标志牌、钢锯、安全围栏等，对各类工器具分类摆放整齐并逐一进行检验，如图5-7所示。

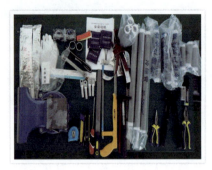

图 5-7　工器具摆放

3. 现场环境检查及工器具检验

（1）将温/湿度计摆放在阴凉、通风干燥、避免阳光直射的地方；工作人员进行现场温/湿度检查，若温度超过37℃时，则停止工作。使用测风仪，测试风速大于5级，需要采取防风措施，记录数据。若环境湿度在75%以下，满足工作要求；若环境湿度超过75%时，禁止施工。若风力超过5级，严禁操作，应采取搭设帐篷等防护措施。

（2）对接地电阻表查看试验周期、挡位是否归零，手柄是否灵活；0.4kV低压电缆终端头附件进行资料检查（见图5-8）、外观检查、出厂实验报告及图纸要求，是否在保质期内，是否有生产厂家、生产日期、牌号、批号、规格型号；电线电缆附件三证（生产许可证、产品质量合格证、CCC认证）是否齐全。

（3）场地干净，将工器具分类摆放在帆布上，摆放整齐，使用方便；操作地面没有妨碍物堆放，安全围栏布置合理，操作旁放有垃圾桶，方便存放垃圾。

图 5-8　现场检查电缆终端头附件

4.支撑、校直、外护套擦拭

（1）戴好手套将电缆放入固定架上夹牢，对电缆进行支撑并校直，观察低压电缆断面 4 相长短是否对其，若不齐，则使用钢锯在端头 100mm 处锯断，使用清洁纸清除截面毛刺和杂质。

（2）使用毛巾擦去外护套上的污迹和灰尘，防止灰尘带入电缆内部，击穿电缆。

（3）使用直尺量取端头 100mm 并用铅笔做好标记，沿此标记用钢锯锯断端头。

（4）把需要制作的电缆头固定在制作平台上，防止电缆不稳影响制作工艺。

（5）使用无水乙醇清洁纸擦去外护套上的污迹。

（6）支撑、校直、外护套擦拭。检查电缆状态；有无受潮进水、绝缘偏心、明显的机械损伤等；现场支撑两段电缆并校直；擦去外护套上的污迹，如图 5-9 所示。

图 5-9 现场校直及外护套擦拭

5.锯平电缆断切面

锯平电力电缆断切面。在制作 0.4kV 电缆冷缩终端头时，首先对电缆制作一端的电缆用钢锯在 100mm 处锯断，防止电缆进水或其他杂质进入电缆内部，影响电缆使用自然寿命、经济寿命和使用寿命；禁止使用电缆四相线芯锯口不在同一平面或导体切面凹凸不平的电缆，如图 5-10、图 5-11 所示。

图 5-10 现场校直及外护套擦拭（一）

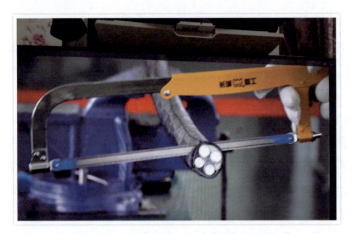

图 5-11　现场校直及外护套擦拭（二）

6.剥除外护套

根据 0.4kV 电缆冷缩终端头附件图纸尺寸，一般情况下在距电缆头 500mm 剥切外护套。将电缆剥切，展示剥切后的平整切口，用细砂纸打磨切口处下方电缆外护套，注意方向由端头到远端；剥除外护套。剥切尺寸符合要求；切口平整；按附件组装图要求清洁并打磨切口处下方电缆外护套（见图 5-12）。

图 5-12　现场剥离外护套

7.剥切钢铠

剥切钢铠的步骤如下。

（1）按照 0.4kV 电缆冷缩终端头附件说明书剥切钢铠，留下 50mm 方便安装接地铜辫子，用于实验测量电缆电阻。

（2）用恒力弹簧固定钢铠，在钢铠上面缠绕两层 PVC；防止钢铠松动。

（3）使用砂纸对电缆钢铠端部及接地点进行打磨，用无水乙醇清洁纸擦拭刚烤上的杂物。

（4）剥切钢铠。按照 0.4kV 电缆冷缩终端头附件剥切尺寸，剥切面整齐。剥切时不得损伤内护套；端口平整、不松散、无毛刺尖角。切除钢铠时，使用恒力弹簧固定，防止松散。在钢铠做接地时，需要先打磨钢铠上的氧化膜，打磨完成后，把接地铜辫子放到打磨后的钢铠上，使用恒力弹簧固定（见图 5-13）。

图 5-13　现场剥离钢铠

8. 去除填充料

0.4kV 电缆凸显白色填充料展示断面平整；去除填充料（见图 5-14）。断面平整；去除时不得损伤铜屏蔽和导体，在剥离过程中始终将刀口朝外，以防伤人。

图 5-14　现场去除填充料

9. 剥切绝缘层

（1）按照 0.4kV 电缆冷缩终端头附件尺寸环切电缆主绝缘并剥除。

（2）将 0.4kV 电缆冷缩终端头制作成铅笔头，留有 45°角度。

（3）将电缆打磨光滑并清洁，清除表面杂质；剥切绝缘层。剥切尺寸符合要求；绝缘断口做倒角处理，将线芯上半导电残迹清除干净。不得损伤线芯导体，剥除绝缘层时线芯不得松散；按照线鼻子厚度 +5mm 剥切尺寸要求（见图 5-15），剥去绝缘层，将绝缘层倒角成 45°用毛巾擦拭线芯深度不得损伤线芯导体，出现错误提示。

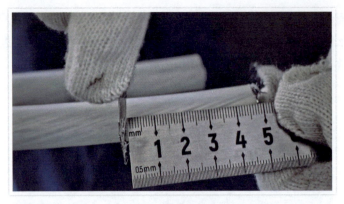

图 5-15　现场量取尺寸

10. 地线铜辫子

地线铜辫子安装步骤如下。

（1）用锉刀或锯条将钢铠表面的氧化层除去，把接地线端使用恒力弹簧固定在钢铠上，再折叠后用恒力弹簧将其固定，面积达到 300mm²，在上面使用 PVC 缠绕两层。

（2）将铜辫子一端使用恒力弹簧固定，外缠绕 PVC 胶带安装位置正确，把铜辫子与钢铠压在一起。用恒力弹簧将钢铠和铜辫子固定（绕包型接地铜网此步省略），如图 5-16 所示。

图 5-16　现场安装铜辫子

11. 安装 4 芯指套

安装 4 芯指套步骤如下。

（1）将 0.4kV 电缆冷缩终端头冷缩 4 芯拉出抽头，按照方向套入电缆主体内（见图 5-17）。

（2）校核安装位置正确；分开芯线，将 4 芯指套套至根部；套入冷缩接头主体。将冷缩接头主体套入电缆头，支撑物抽出方向应朝长端（两端抽出方向附件，应按两端标注尺寸校验）。

图 5-17　现场安装 4 芯指套

12. 导线绝缘端层剖

导线绝缘端层剖步骤如下。

（1）按照 0.4kV 电缆冷缩终端头图纸对导体进行氧化膜打磨。

（2）使用无水乙醇清洁纸将其擦拭干净；剥去线芯端子绝缘层，长度比线鼻子内孔深度加 5mm，然后将其擦洗干净，如图 5-18 所示。

图 5-18　现场剥离导体绝缘层

13. 安装端子

安装端子的步骤如下。

（1）根据 0.4kV 电缆型号选择合适的线鼻子，并检查线鼻子有无损伤和裂纹。

（2）对线鼻子内部内膜做氧化膜处理；选择正确的压模型号压接端子，线鼻子至少压接两道，压好后用锉刀或砂纸抛光端子表面，并将其擦拭干净，如图 5-19 所示。

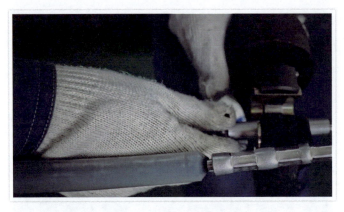

图 5-19　现场压接线鼻子

14. 安装绝缘冷缩管

安装绝缘冷缩管的步骤如下。

（1）使用无水乙醇清洁纸轻擦线鼻子和绝缘层表面灰尘并保持干净。

（2）选择合适的绝缘杆套入；使用清洁的线芯绝缘表面和 4 芯指套套入绝缘管，使绝缘管的下端搭接 4 指套根部，上端包住端子的压痕，抽拉冷缩套拉带直至绝缘管完全收缩，如图 5-20、图 5-21 所示。

图 5-20　现场安装冷缩管（一）

图 5-21　现场安装冷缩管（二）

15. 安装相色管

安装相色管的步骤如下。

（1）核对 0.4kV 电缆冷缩终端头电缆 4 相相序是否正确，现场安装相色如图 5-22 所示。

（2）使用 4 色带标注 4 相电缆标识；利用合相器核对相序正确后，在端子脚部套入相色管，用冷缩拉带拉至完全收缩完毕，现场制作电缆终端头如图 5-23 所示。

16. 进行实验

实验步骤如下。

（1）根据电缆制作的电压等级，选择绝缘电阻测量仪并进行检查，如图 5-24

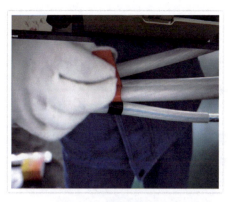

图 5-22　现场安装相色

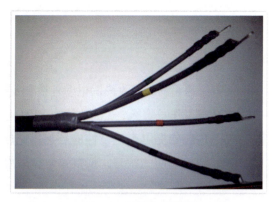

图 5-23　现场制作电缆终端头

图 5-24　现场电缆实测电阻

所示。

（2）检查电阻测量仪是否正确；选择绝缘电阻仪；E 端接地，L 端分别接入 4 相逐相进行测试，120r/min 摇动手柄，等指针稳定后读取数据，记录测量数值，按照电气设备及电缆绝缘阻值的要求及标准，GB/T 3048.6—2007《塑料绝缘电缆及附件试验方法》、GB/T 2951.5—2008《橡塑绝缘电缆试验方法》、DL/T 1096—2011《电力电缆绝缘试验导则》，看 4 相电阻是否合格，一般 0.4kV 电缆电阻不小于 $1M\Omega$ 为合格，小于 $1M\Omega$ 为不合格（见图 5-25）。

图 5-25　现场检验电阻

三、作业结束

1. 召开工后会

（1）清理现场，回收废旧电缆外护套及线头，恢复工作现场。

（2）有工作负责人，总结回顾 0.4kV 电缆冷缩终端头工作过程工艺和安全情况，对不足之处提出有建设性的意见；完成作业后，工作人员清理工作现场，将设备恢复到检修前的状态，恢复送电，做好工作票终结手续；工作负责人召开工后会，总结工作过程，要牢记制作电缆"三字经"：尺寸"准"、下刀"稳"、切口"齐"、打磨"光"、密封"严"，回顾安全情况及制作过程工艺上存在的问题，如图 5-26 所示。

图 5-26　工后会

2. 验收

0.4kV 电缆冷缩终端头制作完成后，由施工单位邀请施工、设计、建设、运维、监理 5 方专业技术人员组，选出小组长，组成验收小组进行验收，采取 0.4kV 电缆冷缩终端头外观验收和电缆接地电阻测试；工作负责人对工作作业情况进行检查：电缆终端头整体外观良好，无明显鼓包及空鼓现象，接地电阻测试合格后，由监理组织填写验收单并由上述 5 方签字确认。

3. 工作终结

办理工作票终结手续；工作人员根据检修记录报告格式填写完整，无漏项；办理工作终结，如图 5-27 所示。

图 5-27　工作结束办理工作票和记录单

第三节　安全措施及注意事项

1. 总结前期安全措施

0.4kV 电缆冷缩终端头制作技术在现场制作过程中应做好人员分工，办理现场勘查和工作票，召开班前班后会议并针对电缆终端头危险点进行技术交底，让全体人员熟知任务、内容后在工作票上签字。所用的电缆终端头附件均符合电缆附件说明书并有合格证和检验合格证；电缆钢铠应良好接地，接地线应采用截面积不小于 25mm^2 的铜绞线；检查电缆两端相位，两端的相位应保持一致。

2. 总结制作过程危险点

剥切电缆护套时铠装带、屏蔽层和导体层时，不得损伤主绝缘层，屏蔽层端部要平整，不得有毛刺、棱角。切剥的长度应符合电缆终端头附件图纸中的标准长度；剥切电缆铠装时，应使用钳子或电缆剥切专用工具，不得直接用手；收缩材料需要切割时，切割面要平整，不得有尖角或裂口；压接电缆终端头接线端子时，需用压接钳压紧压密，至少压接两道，压接后产生的棱角或毛刺应用扁平锉挫平，如遇雨雪或大雾及六级以上大风天气，不得施工，若要施工须搭设防雨棚或帐篷，注意保暖；若连续作业时要防止汗水滴入绝缘层内，防止受潮，要保持现场清洁、干净、光线充足，操作人员须戴棉线手套；在剥离电缆钢铠时注意避免钢铠划破手掌。

3. 总结制作过程注意事项

在制作电缆终端头时戴好安全帽，穿充棉工作服和绝缘鞋，防止钢铠弹出伤人；剥离电缆时注意使用电缆剥刀方向，始终让刀口向外，防止划伤手背；电缆制作工艺方面注意下刀要轻，动手要勤，工艺要精，眼睛要亮，观察要细，防止划伤导体，给电缆留下安全隐患，以防电缆被击穿，在制作电缆终端头后应对电缆头进行接地电阻测试（绝缘电阻表），作为验证电缆头 4 相电阻是否合格的依据。

思考与练习

一、单选题

1. 封闭式组合电器引出电缆备用孔或母线的终端备用孔时应用（　　）封闭。

A. 绝缘挡板　　　　B. 防火泥　　　　C. 专用器具　　　　D. 遮栏

2. 电缆及电容器接地前应（　　）充分放电。

A. 逐相　　　　B. 保证一点　　　　C. 单相　　　　D. 三相

3. 对电缆隧道、偏僻山区、夜间、事故或恶劣天气等进行巡视时，应至少（　　）人一组进行。

A. 2　　　　B. 3　　　　C. 4　　　　D. 5

4. 巡视中发现高压配电线路、设备接地或高压导线、电缆断落地面、悬挂空中时，室内人员应距离故障点（　　）m 以外。

A. 2　　　　B. 4　　　　C. 6　　　　D. 8

5. 带电断、接电缆引线前应（　　）。

A. 检查相序并做好标志　　　　　　B. 检查相序

C. 做好标志　　　　　　　　　　　D. 设置专责监护人

6. 使用钳形电流表测量高压电缆各相电流时，电缆头线间距离应大于（　　）mm，且绝缘良好、测量方便。当有一相接地时，禁止测量。

A. 100　　　　B. 200　　　　C. 300　　　　D. 500

7. 电缆直埋敷设施工前，应先查清图纸，再开挖足够数量的（　　），摸清地下管线分布情况，以确定电缆敷设的位置，确保不损伤运行电缆和其他地下管线设施。

A. 排水沟　　　　B. 样洞（沟）　　　　C. 电缆工井　　　　D. 电缆沟

8. 为防止损伤运行电缆或其他地下管线设施，在城市道路（　　）内不宜使用大型机械开挖沟（槽），硬路面面层破碎可使用小型机械设备，但应加强监护，不得深入土层。

A. 红线范围　　　　B. 警示线　　　　C. 绿化区　　　　D. 两侧区域

9. 挖到电缆保护板后，应由（　　）在现场指导，方可继续进行。

A. 技术人员　　　　B. 工作负责人　　　　C. 有经验的人员　　　　D. 专业人员

10. 挖掘出的电缆或接头盒，若下方需要挖空时，应采取（　　）保护措施。

A. 悬吊　　　　B. 防坠　　　　C. 提升　　　　D. 隔离

二、多选题

1. 带电接入架空线路与空载电缆线路的连接引线之前，应确认（　　），并与负荷设备断开。

A. 电缆线路试验合格　　　　　　　　B. 架空线路空载

C. 对侧电缆终端连接完好　　　　　　D. 接地已拆除

2. 电力电缆的标志牌应与（　　）的名称一致。

A. 电网系统图　　　B. 电缆走向图　　　C. 电缆厂家　　　D. 电缆资料

3. 为保证在电缆隧道内施工作业安全，电缆隧道内应有（　　）。

A. 防火、防水措施　B. 充足的照明　　　C. 防毒面具　　　　D. 通风措施

4. 开启电缆井井盖、电缆沟盖板及电缆隧道人孔盖时（　　）。

A. 应注意站立位置，以免坠落

B. 应使用专用工具

C. 开启后应设置遮栏（围栏），并派专人看守

D. 作业人员撤离后，应立即恢复

5. 开断电缆前，应（　　）后，方可工作。

A. 与电缆走向图核对相符

B. 使用仪器确认电缆无电压后，用接地的带绝缘柄的铁钎钉入电缆芯

C. 检查电缆型号

D. 落实中间头是否合适

6. 使用远控电缆割刀开断电缆时，（　　），防止弧光和跨步电压伤人。

A. 刀头应可靠接地

B. 周边其他施工人员应临时撤离

C. 远控操作人员应与刀头保持足够的安全距离

D. 不宜设置专责监护人

7. 带电插拔肘型电缆终端接头时应（　　）。

A. 使用绝缘操作棒　　　　　　　　　B. 戴绝缘手套

C. 戴护目镜　　　　　　　　　　　　D. 穿绝缘靴

8. 电力电缆施工作业时，（　　）不得对喷灯加油、点火。

A. 变压器附近　　　　　　　　　　　B. SF_6 断路器（开关）附近

C. 电缆沟内　　　　　　　　　　　　D. 带电设备附近

9. 制作环氧树脂电缆头和调配环氧树脂过程中，应采取（　　）措施。

A. 防风　　　　　B. 防毒　　　　　C. 防水　　　　　D. 防火

10. 电缆故障声测定点时，禁止直接用手触摸（　　），以免触电。

A. 电缆外皮　　　　　B. 电缆支架　　　　　C. 冒烟小洞　　　　　D. 电缆管道

三、判断题（认为正确的在括号内画"√"，错误的在括号内画"×"）

1. 电缆孔洞，应用防水材料严密封堵。（　　）

2. 电缆作业现场应确认检修电缆至少有 2 处已可靠接地。（　　）

3. 测量高压电缆各相电流，电缆头线间距离应大于 300mm，且绝缘良好、测量方便。当高压电缆有接地时，可采用钳形电流表测量电缆电流。（　　）

4. 电力电缆工作前，应核对电力电缆标志牌的名称与工作票所填写的是否相符，以及安全措施是否正确、可靠。（　　）

5. 挖到电缆保护板后，应由有经验的人员在现场指导，方可继续进行。（　　）

6. 进入电缆井、电缆隧道前，应用气体检测仪检查井内或隧道内的易燃易爆及有毒气体的含量是否超标，并做好记录。（　　）

7. 在电缆井、电缆隧道内工作时，应只打开电缆井一只井盖。（　　）

8. 在电缆隧道内巡视时，作业人员应携带正压式空气呼吸器，通风不良时还应携带便携式气体检测仪。（　　）

9. 电缆沟的盖板开启后，应自然通风一段时间，经检测合格后方可下井沟工作。（　　）

10. 一般移动电缆接头时应停电进行，若必须带电移动电缆接头，则施工人员应在专人统一指挥下做平正移动。（　　）

第六章　10kV 电缆故障测试技术

第一节　作业梗概

一、人员组合

本项目需 3 人，具体分工见表 6-1。

表 6-1　　　　　　　　　　　　人员具体分工

人员分工	人数 / 人
监护人	1
操作人	2

二、主要工器具及材料

主要工器具、材料见表 6-2。

表 6-2　　　　　　　　　　　主要工器具、材料

电缆故障测试仪器仪表清单					
序号	名称	数量	序号	名称	数量
1	闪测仪	1 台	9	10kV 验电器	1 支
2	烧穿电桥	1 台	10	10kV 放电棒	1 台
3	定点仪	1 台	11	10kV 绝缘手套	1 副
4	高压定位电源	1 台	12	万用表	1 台
5	绝缘电阻表	1 台	13	接地线	5 根
6	电流取样盒	1 台	14	短接线	3 根
7	多次脉冲产生器	1 台	15	电源盘	1 台
8	脉冲测试线	1 根		—	

第二节　操作过程

一、作业前准备

1. 准备着装及防护

（1）安全帽检查。

1）佩戴前，应检查安全帽各配件有无破损，装配是否牢固，帽衬调节部分是否卡紧，插口是否牢靠，绳带是否系紧等。

2）根据使用者头的大小，将帽箍长度调节到适宜位置（松紧适度）。

3）安全帽在使用时受到较大冲击后，无论是否发现帽壳有无明显的断裂纹或变形，都应停止使用，更换受损的安全帽。一般 ABS 材质的安全帽使用期限不超过 2.5 年。

（2）穿戴正确（见图 6-1）。

1）需要检查并佩戴安全帽，帽子在检验有效期内、外观无破损、松紧合适、安全帽三叉帽带系在耳朵前后并系紧下颌带。

2）穿着全棉长袖工作服、棉质纱线手套，穿着整洁，扣好衣扣、袖扣、无错扣、漏扣、掉扣、无破损。

3）穿着绝缘鞋，鞋带绑扎扎实、整齐，无安全隐患。

图 6-1　着装正确

2. 全面掌握故障电缆的资料

故障电缆资料的收集是进行故障查找的重要前提，资料详细准确，则可以事半功倍。电缆资料收集的内容主要包括以下几项：

（1）电缆长度、运行时间、电压等级、类型（交联 / 聚氯乙烯）。

（2）发生故障的原因（运行故障、试验击穿）。

（3）敷设状况（直埋 / 穿管 / 电缆沟 / 电缆隧道）。

（4）电缆路径是否清晰。

（5）周围的施工状况。

（6）电缆维修记录。

（7）电缆两端是否适合测试车出入及工作电源接线。

3. 工器具及材料

（1）准备如下相关仪器设备：按照图 6-2 准备好测试工器具及材料。

1）闪测仪，1台。

2）烧穿电桥，1台。

3）定点仪，1台。

4）高压定位电源，1台。

5）绝缘电阻表，1台。

6）电流取样盒，1台。

7）多次脉冲产生器，1台。

8）脉冲测试出线，1根。

9）接地线，5根。

10）短接线，3根。

11）10kV 验电器，1支。

图 6-2　仪器及工具

12）10kV 放电棒，1 台。

13）10kV 绝缘手套，1 副。

14）万用表，1 台。

15）电源盘，1 台。

（2）仪器检查。

开机检查检测仪器，闪测仪、定点仪能正常开机，电量充足，则功能正常。接地线、短接线准备完整、充足。安全工器具均检定合格并在有效期内，如图 6-3 所示。

图 6-3 仪器及工具检查

4. 办理工作票

查找电缆故障时需要办理配电第一种工作票。

5. 检查安全措施

（1）确认目标电缆两侧都已经和其他电气设备完全摘除（见图 6-4）。

图 6-4 目标电缆安全措施

（2）设置安全围栏：在工作地点周围设置围栏，在围栏入口处悬挂"从此进出"标志牌，向外悬挂"止步 高压危险"标志牌（见图 6-5）。

图 6-5　设置安全围栏

二、作业过程

1. 召开班前会

工作负责人召集工作人员召开班前会，交代工作任务，进行安全技术交底，并分析作业风险。

本次作业的风险有以下 3 项。

（1）行为危害，预控措施有：按规定履行工作许可手续，严格执行工作报告制度；工作负责人对工作班成员进行技术交底。

（2）人身伤害，预控措施有：测试地点临近或者穿过车行道，在测试两端设立安全围栏和警示标志，或在穿过车行道时由专人进行安全监护。

（3）电击伤害，预控措施有：临近带电设备，应与检测区域外的临近带电设备保持足够的安全距离，检测前，应明确工作范围，严禁人员进入非工作区域。

临近带电设备，应与检测区域外的临近带电设备保持足够的安全距离，检测前，应明确工作范围，严禁人员进入非工作区域。

2. 摆放工器具

工作人员将工作所需的工具、仪表、材料分类摆放整齐，工器具摆放在干净的防潮铺布上（工作台上）。

电缆故障定位的一般流程分为判断电缆故障类型、电缆故障预定位、测寻电缆路径、精确定位故障点、识别故障电缆 5 个步骤。

3. 判断电缆故障类型

所用到的设备有绝缘电阻测试仪、万用表、短接线 10kV 验电器、10kV 放电棒。

（1）目标电缆验电、放电。操作人员戴绝缘手套，手持验电器，对电缆三相逐一验电；将接地线接至放电棒直放挡，对电缆三相逐一放电（见图 6-6）。

图 6-6   目标电缆验电、放电

（2）测量绝缘电阻。将电缆两端分开，相与相之间，以及与周边留出不小于20cm 的安全距离；使用不小于 2500V 绝缘电阻表，测量电缆三相对地绝缘电阻和每相之间的绝缘电阻（见图 6-7）。

图 6-7   测量绝缘电阻

（3）绝缘电阻表红色高压线接电缆线芯，电缆非测试相短接接地，电缆对端悬空；分别测量三相对地（屏蔽）和相间绝缘电阻值，并做好记录（见图 6-8）。

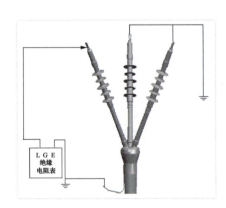

图 6-8   测量绝缘电阻

如果用绝缘电阻表测得绝缘电阻为零，还应再用万用表测量，以得到准确的故障点绝缘电阻数值。

（4）电缆故障的分类。根据绝缘电阻值的大小，故障分为（经验值）：高阻故障大于 100Ω，低阻故障小于 100Ω（见图 6-9）。

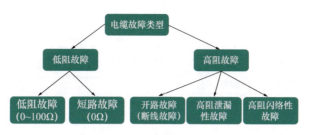

图 6-9　故障分类

（5）不同故障类型的表现形式：

低阻故障：相间或相对地（屏蔽）绝缘电阻小于电缆 $10Z_c$ 大于零。

短路故障（金属性短路故障）：相间或相对地（屏蔽）绝缘电阻用万用表测试为零（导通状态）。

开路（断线）故障：相间或相对地（屏蔽）绝缘电阻无穷大，但不导通。

高阻泄漏性故障：相间或相对地（屏蔽）绝缘电阻较高，耐压试验过程中泄漏电流随试验电压升高而增大，呈线性关系，直至超过泄漏电流允许值（此时试验电压尚未达到额定试验电压）。

高阻闪络性故障：相间或相对地（屏蔽）绝缘电阻较高，耐压试验过程中，当试验电压升至某一值时，泄漏电流突然增大并迅速产生闪络击穿。试验电压降低至某一值时，电缆耐压依然能够保持，泄漏电流较小。

4. 故障距离预定位

根据故障类型，需要采取相应的方法进行故障距离预定位，常用的预定位方法有低压脉冲法、高压冲闪法、多次脉冲法、电桥法（见表 6-3）。

表 6-3　　　　　　　　　　不同故障类型的预定位方法

故障类型	预定位方法	故障率
低阻故障	低压脉冲法	10%
	电桥法	
高阻故障	冲闪电流法	90%
	多次脉冲法	
	电桥法（开路故障除外）	

（1）低压脉冲法。

脉冲沿电缆路径进行传播，当遇到电缆阻抗变化点时，脉冲在这一点处发生反射，并返回到脉冲反射仪，这就是雷达反射（时域反射）的原理。（见图 6-10）

根据雷达反射的原理，当发射脉冲到达故障点时，此处电缆绝缘降低，其阻抗也发生了相应的变化，脉冲遇到与电缆本体阻抗不同点而发生反射。

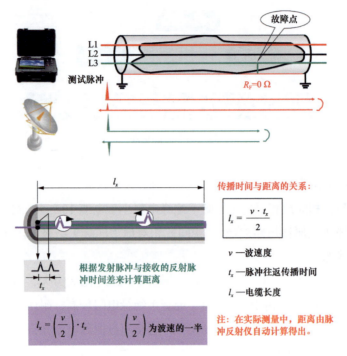

图 6-10　低压脉冲法原理

短路时，短路点阻抗为 0，此时在短路点会产生对发射脉冲负极性的全反射，如图 6-11 所示。

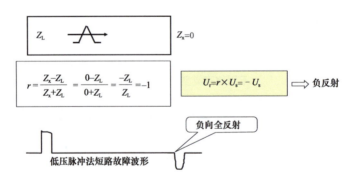

图 6-11　低压脉冲法短路阻抗计算原理

断线时，断线点阻抗为 ∞，此时在断线点会产生对发射脉冲的同极性的全反射，如图 6-12 所示。

两个波阻抗不同的电缆相连接时，如低阻故障或中间接头，连接点会出现阻抗不匹配。但不是完全短路或断线，所以不会出现完全的反射，会出现行波透射现象，即一部分行波从阻抗不匹配点返回，另一部分行波越过故障点继续向前运动（见图 6-13）。

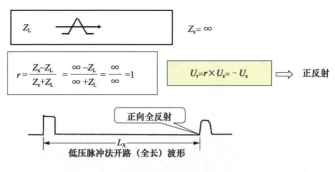

图 6-12 低压脉冲法断线阻抗计算原理

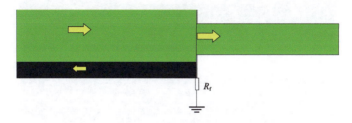

图 6-13 波阻抗变换

低压脉冲测量时的具有代表性的波形，如图 6-14 所示。

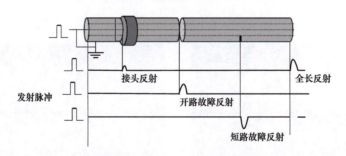

图 6-14 脉冲波形变化示意图

使用仪器：电缆故障闪测仪（测距部分）（见图 6-15），脉冲输出线。

适用范围：开路（全长），短路，低阻故障，电缆波速度的校验。

接线方式：脉冲输出线一端插入闪测仪输出插座，另一端红色鳄鱼夹接到故障相上，黑色鳄鱼夹接完好相或电缆屏蔽层（见图 6-16）。

优先使用两相线芯之间测试，这样的测试波形较为平滑，易于分析。若是在芯线和屏蔽（钢铠）之间测试，测试结果要略大于电缆的实际长度，电缆越长，这种误差就越大。

打开闪测仪测试程序（见图 6-17）：

1）点击"测试设置"按钮。

2）选择"低压脉冲法"单选按钮。

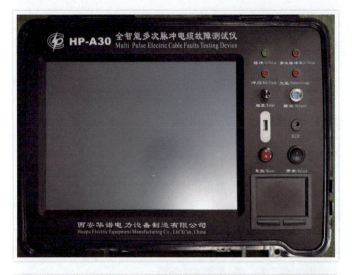

图 6-15　电缆故障闪测仪

图 6-16　电缆故障闪测仪接线

3）选择"测试频率"单选按钮。

4）在"介质选择选项区域"选择"交联乙烯"单选按钮。

5）点击"确定"按钮。

6）选择"单次"单选按钮。

7）点击"采样"按钮。

可测出故障波形，如图 6-17 所示。

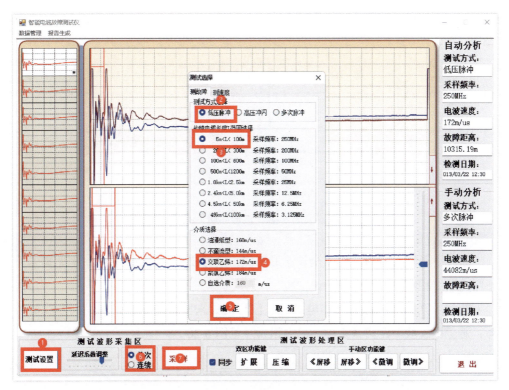

图 6-17　故障波形

低压脉冲波形分析卡位时，一个标尺移至第一个脉冲波起始点，另一个标尺移至第二个脉冲波起始点，这时读出的距离为电缆的全长（开路）距离。同时卡两个周期为电缆全长（开路）距离的两倍（见图 6-18）。

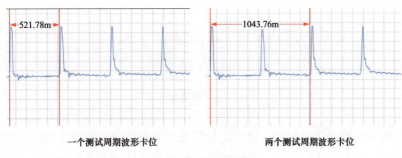

一个测试周期波形卡位　　　　　　两个测试周期波形卡位

图 6-18　波形卡位

脉冲波形具有等周期性如图 6-19 所示，波①～②为一个周期，波②～③为一个周期，两个周期具有等间距性，则说明该波形的卡位是正确、可信的（见图 6-19）。

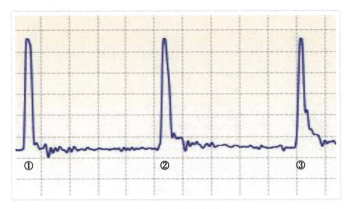

图 6-19 波形周期

　　断线（开路）故障波形与全长波形相似，反射波与发射波同极性，但距离卡位不同，断线相距离小于电缆全长。

　　断线（开路）波形需要和电缆全长波形对比来验证是否会出现中间断线的故障，避免电缆故障距离预定位时出现错误（见图 6-20）。

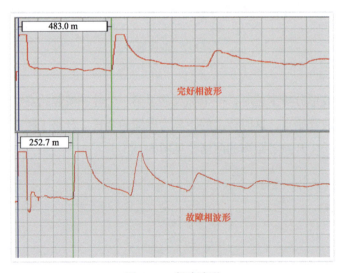

图 6-20 断路波形

　　低压脉冲所测低阻（短路）波形，反射波与发射波极性相反（见图 6-21）。

　　中间接头波形因为行波的透射原理，反射波的极性和发射波同极性，但反射幅度小于末端反射且必须在全场范围之内。

　　电缆全长 4141m，中间有 6 个中间接头（见图 6-22）。

　　盲区波形（见图 6-23）故障点的距离小于电缆发射脉冲宽度，闪测仪无法识别故障点的反射脉冲，所以只能看到一个发射脉冲，而没有反射脉冲。

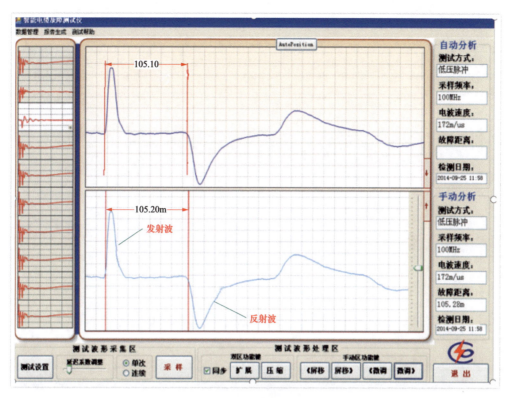

图 6-21 低阻波形

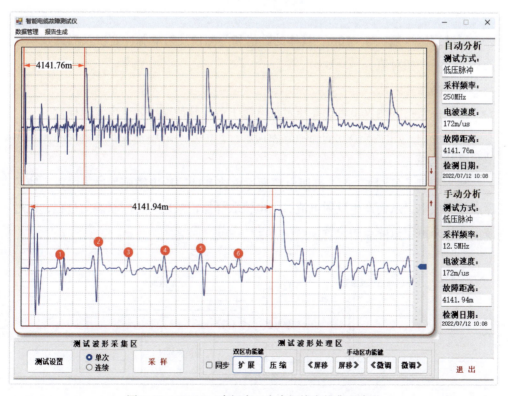

图 6-22 4141m，中间有 6 个中间接头的典型波形

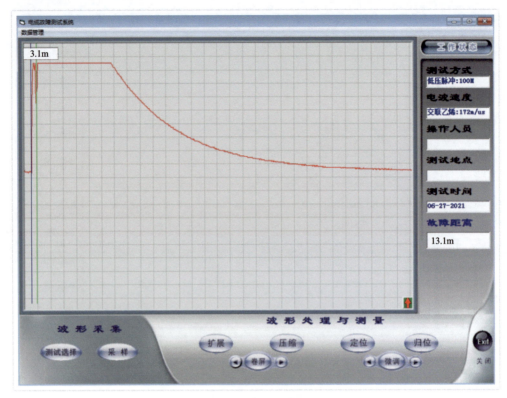

图 6-23　盲区波形

测试盲区一般在 5 ~ 10m，具体的数值和闪测仪发射的脉冲宽度及测试频率有关系，是一个相对值。

（2）高压冲闪法。

使用仪器：闪测仪 1 台、高压定位电源 1 台、脉冲输出线、电流取样盒。

适用范围：用于大部分的高阻故障预定位，但是不适用铠装及屏蔽层断裂、无铠装屏蔽电缆。

基本原理（见图 6-24）：高压电源通过电容和球隙给电缆施加冲击电压，使故障点击穿放电，从而产生反射电流，由电流取样器记录这一瞬间状态的过程，通过波形分析来测定故障点的位置。

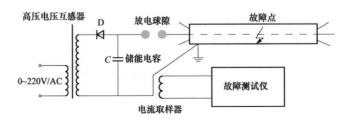

图 6-24　高压冲闪法原理

试验变压器作为高压电源时的接线图，如图 6-25 所示。

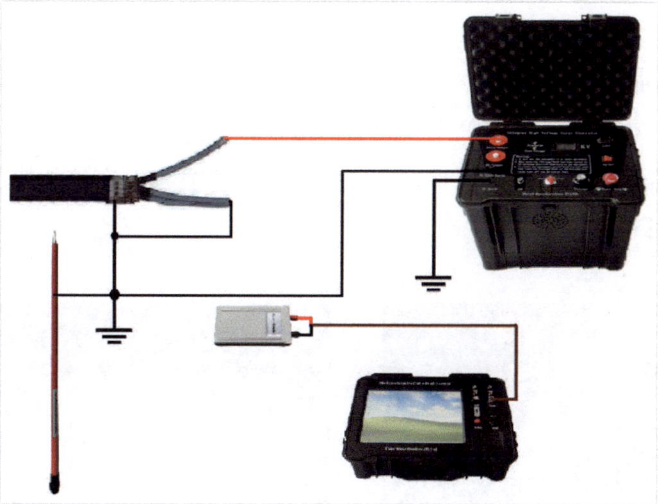

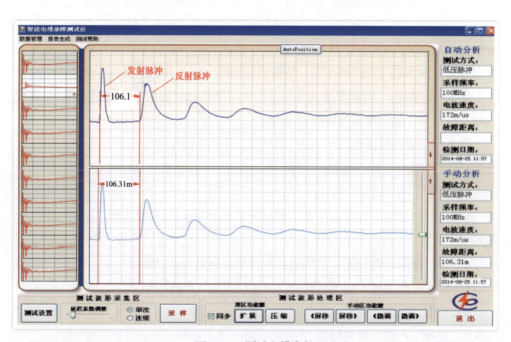

图 6-25　高压冲闪法接线

第 1 步：测试电缆全长（见图 6-26）。用低压脉冲法在电缆完好相测试出电缆的全长，同时也要测试故障相全长，防止故障相形成开路故障而造成误判。

图 6-26　测试电缆全长

第 2 步：高压定位电源接线。红色高压脉冲线接至高压定位电源脉冲输出端子，另外一端接至电缆故障相，其余两相和屏蔽层短接后接地。

高压发生器电容接地（此为单相接地故障电容接地端的接线方法，若为相间短路故障，则电容接地端需要接至另外一相），放电棒接地。

保护接地应和其他接地分开一段距离单独接地，以免电容放电后引起接地点周围地电位升高而造成仪器损坏。

第3步：闪测仪和高压定位电源的连接。将脉冲输出线一端插入闪测仪输出端子，另一端红黑夹子连接至采样盒，采样盒平行放到电容接地线的旁边，间距3～5cm（见图6-27）。

图6-27 闪测仪和高压定位电源的连接

第4步：高压定位电源操作。打开高压发生器电源，向右旋转打开"急停"旋钮；选择屏幕左侧"电压模式"，设置电压为12kV，点击"启动"按钮，电压表指针上升至12kV；单击屏幕右侧"单次"模式，高压定位电源动作一次，电压表发生突降，说明故障点已经击穿，切换到"连续"模式开始测试；若电压表没有发生变化或摆动很小，则需要继续升高电压（不能超过仪器的额定输出电压），直到故障点被击穿，闪测仪采到故障波形为止。

第5步：闪测仪操作。

1）打开闪测仪测试程序。

2）点击"测试设置"按钮。

3）在"测故障"选项卡中的"测试方式选择"选项区域选择"高压冲闪"单选按钮。

4）在"故障电缆长度L范围选择"选项区域选择测试频率。

5）在"介质选择"选项区域选择"交联乙烯"单选按钮。

6）点击"确定"按钮。

7）选择"连续"单选按钮。

8）点击"采样"按钮。

等待高压定位电源击穿故障点触发后可采到高压冲闪波形（见图6-28）。

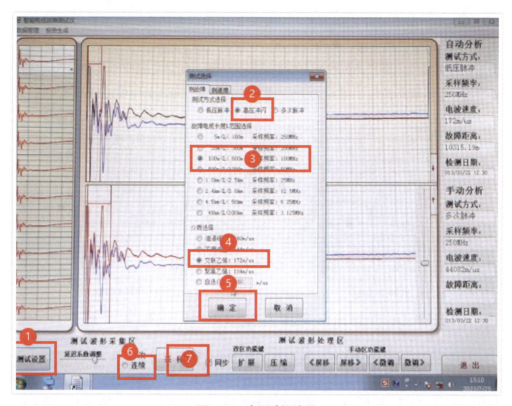

图 6-28　高压冲闪波形

第 6 步：测试结束。当故障点被击穿，闪测仪采到故障波形后，按下"急停"键，点击"升压"停止；等到电压表降到"0"时，点击"脉冲输出"停止；关闭高压电源开关；等蜂鸣器完全静音后，用放电棒电阻挡对电缆放电，然后用直放挡放电，将放电棒挂在电缆上，先拆除高压引线，再拆除接地线（见图 6-29）。

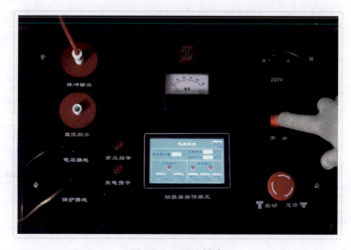

图 6-29　测试结束

第7步：高压冲闪波形分析。采集波形压缩后有明显的余弦波大震荡（见图 6-30），信号波都分布在余弦波上面。这说明故障点已经击穿放电，所采集到的波形具有可读性。高压冲闪波形有明显周期性，波之间具有周期性。可选择一个周期进行卡位，光标位置如图 6-30（b）光标位置，所卡距离为电缆故障距离。

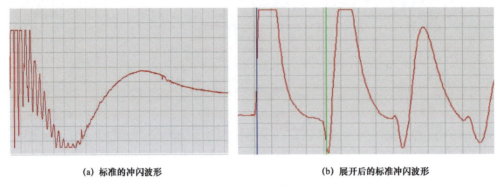

（a）标准的冲闪波形　　　　　　　　　　　（b）展开后的标准冲闪波形

图 6-30　波形分析

故障距离处于远端的波形：波形具有周期性，有明显拐点；取第二个发射脉冲的上升沿为起点，下一个脉冲上升沿前端的下降沿为终点；高压冲闪波形第一个周期因为包含了电容充电时间，所以不能取以第一个周期来分析故障距离。因为故障点距离闪测仪较远，脉冲波往返需要一段时间，所以会出现一个延时阶段（见图 6-31）。

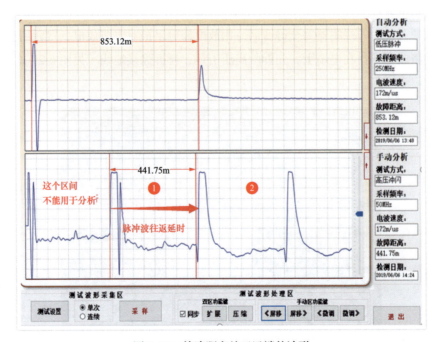

图 6-31　故障距离处于远端的波形

故障距离在近端的测试波形：波形具有周期性，因为故障点距离闪测仪较近，脉冲波往返延时很短，所以无明显拐点；此时应当从第二个脉冲开始取任意相邻两个脉冲的波峰或者波谷，用这一距离乘以 0.85，即为故障点的粗测距离。图 6-32 所示故障距离应为

$$71.5 \times 0.85 = 60.7 （\text{m}）$$

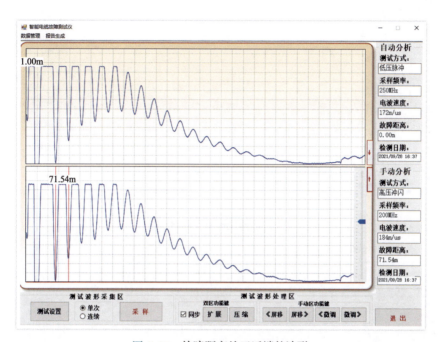

图 6–32　故障距离处于近端的波形

故障距离在盲区的波形（见图 6-33）：采集出这种波形（俗称大方波）说明故障点靠近测试端，可直接在测试端附近探测故障点。对于故障点距离应该根据采样频率估算。采样频率 100MHz，根据理论测试距离表可知该故障点位于距离测试端 40m 以内，也可以将设备放到电缆的另外一段进行测试，以验证这一估算距离的可靠性。

故障点没有完全击穿波形（见图 6-34）：这种波形的特点是波形的正负周期交替出现，具有一定的周期性，但是该周期等于电缆的全长，且没有余弦大震荡。

高压冲闪未放电波形和低压脉冲短路波形之间的区别在于，都有正负交替的周期性，但是一个是高压冲闪模式下的波形，另一个是低压脉冲模式下的波形。未放电高压冲闪波形呈现正负交替的周期性出现，压缩后没有余弦大震荡周期。正负脉冲之间的距离等于电缆全长，如图 6-35 所示。

远端故障高压冲闪波形有明显的周期性，压缩后呈现余弦大震荡波形，没有正负交替的周期出现。

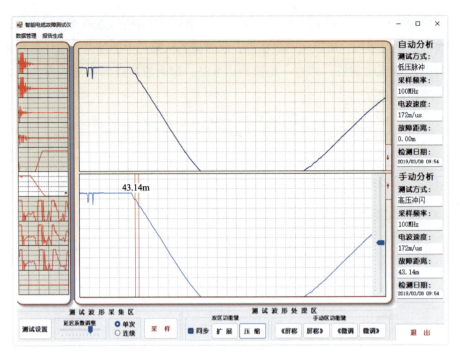

图 6-33　故障距离处于盲区的波形

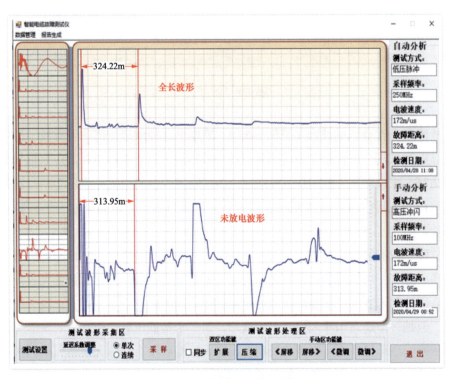

图 6-34　故障未击穿的波形

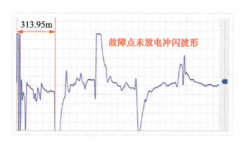
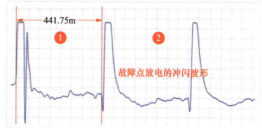

图 6-35　故障有无放电的波形对比

高压冲闪法必须要通过对故障相加冲击高压，使故障点击穿放电才能取得冲闪波形，从而分析出故障距离。所以高压冲闪法对于故障点耐压值超过高压电源输出值时或者泄漏性故障无法测试。冲闪法测试时涉及高压，现场要保证接线正确，保持与高压之间的安全距离。加冲击高压会使故障位置产生明火，使用前请确认被测电缆敷设环境，忌在易燃易爆环境中使用。高压电源的保护接地一定要可靠接地，且要和电容接地分开一段的距离，否则会损毁高压电源。

（3）多次脉冲法。

基本原理（见图 6-36）：在冲击电压下故障点被击穿产生弧光短路的同时，发送一个低压测试脉冲，即可在短路点得到一个短路反射的回波，即反射回波的极性与发射脉冲的极性相反。当故障点短路电弧熄灭后，再发射一个低压测试脉冲（二次脉冲），可测得电缆的全长波形。

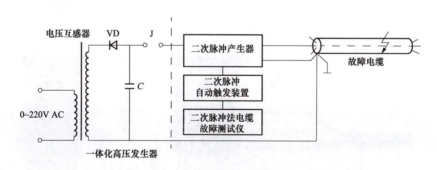

图 6-36　多次脉冲法原理

前后两次采集到的波形同时显示在一个屏面上。开路全长波形与发射脉冲同极性，故障反射波形的极性与发射脉冲极性相反，且一定在全长距离以内。

二次脉冲法实质仍然属于冲击高压闪络法的范畴，其典型波形如图 6-37 所示。

使用仪器：闪测仪 1 台，高压定位电源 1 台，多次脉冲产生器 1 台，测试线 1 套。

适用范围：用于大部分的高阻故障预定位，但是不适用铠装及屏蔽层断裂、无铠装屏蔽电缆。

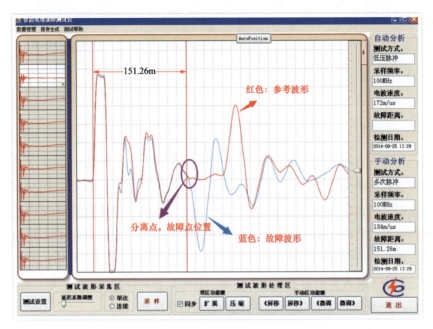

图 6-37　多次脉冲法典型波形

第 1 步：测试电缆全长（见图 6-26）。用低压脉冲法在电缆完好相测试出电缆的全长，同时也要测试故障相全长，防止故障相形成开路故障而造成误判。

第 2 步：多次脉冲测试接线（见图 6-38）。闪测仪输出端子接至产生器信号端子。

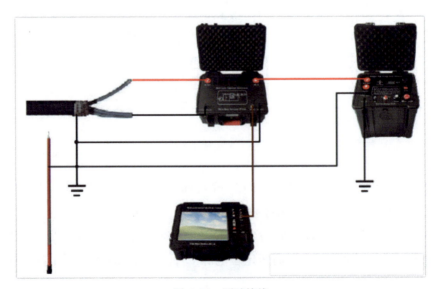

图 6-38　测试接线

高压定位电源红色高压脉冲线接至多次脉冲产生器输入端子，产生器输出端子接至故障相。电缆其余两相和屏蔽层短接后接至产生器"电缆地"端子，高压定位电源"电容接地"和屏蔽层短接后接地。产生器"高压地"接地，放电棒接地。保护接地应和其他接地分开一段距离单独接地，以免电容放电后引起接地点周围地电位升高而造成仪器损坏。

第 3 步：高压定位电源操作。打开高压发生器电源，向右旋转打开"急停"旋钮。选择屏幕左侧"电压模式"，设置电压为 12kV，点击"启动"按钮，电压表指针上升至 12kV。

点击屏幕右侧"单次"模式，高压定位电源动作一次，电压表发生突降，说明故障点已经击穿，切换到"连续"模式开始测试。

若电压表没有发生变化或摆动很小，则需要继续升高电压（不能超过仪器的额定输出电压），直到故障点击穿，闪测仪采到故障波形为止。

第 4 步：闪测仪操作。打开闪测仪测试程序（见图 6-39）。

1）点击"测试设置"按钮。

2）在"测故障"选项面板中的"测试方式选择"选项区域中选择"多次脉冲"单选按钮。

3）在"故障电缆长度 L 范围选择"选项区域选择测试频率。

4）在"介质选择"选项区域选择"交联乙烯"单选按钮。

5）点击"确定"按钮。

6）选择"连续"单选按钮。

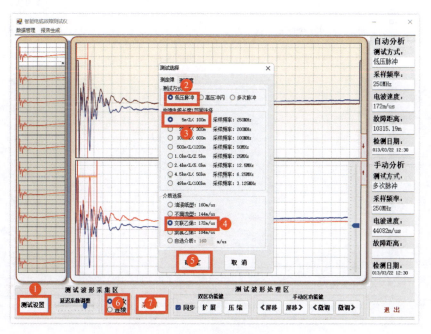

图 6-39　闪测仪操作

7）点击"采样"按钮。

等待高压定位电源击穿故障点触发后可采到多次脉冲波形。

第5步：测试结束。当故障点被击穿，闪测仪采到故障波形后，按下"急停"键，点击"升压"停止；等到电压表降到"0"时，点击"脉冲输出"停止；关闭高压电源开关，等蜂鸣器完全静音后，用放电棒电阻挡对电缆放电，然后用直放挡放电，将放电棒挂在电缆上，先拆除高压引线，再拆除接地线。

第6步：多次脉冲波形分析。多次脉冲是充分利用故障点在高压电弧相对稳定期间，再次发送低压脉冲信号，从而获得低压脉冲法的标准短路故障波形。解决了高压冲闪波形难以判断的弊端。多次脉冲波形简单，可实现故障波形自动卡位功能。多次脉冲施加在电缆上的电压会产生压降，所以在多次脉冲模式下同一故障点的击穿电压要高于高压冲闪时的击穿电压。

故障点放电的多次脉冲波形，红色为全长参考波形，蓝色为故障波形；其波形的特点是两组波形前端是基本重合，第一个分离点就是故障点的位置（见图6-40）。

故障点没有放电的多次脉冲波形，其波形特点是红色参考波形和蓝色故障波形完全重合（见图6-41）。

故障点在末端的故障波形，其波形特点是红色参考波形和蓝色故障波形在末端分离，这种波形说明故障点靠近电缆末端（见图6-42）。

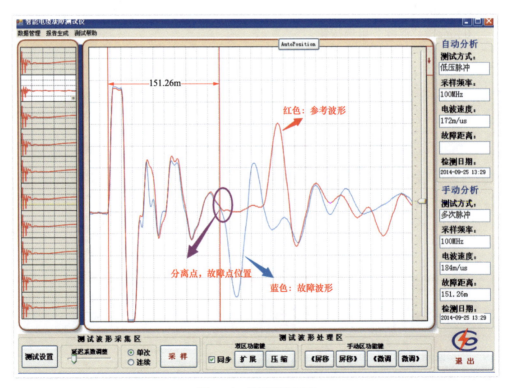

图6-40 故障判定示意

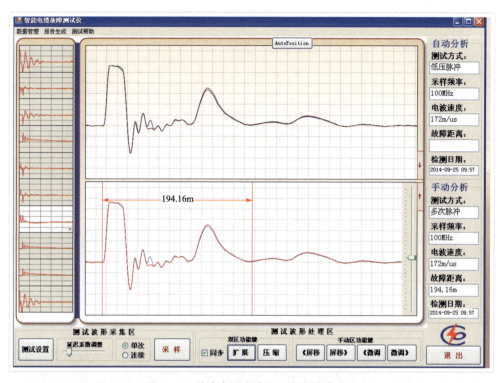

图 6-41　故障点没有放电的多次脉冲波形

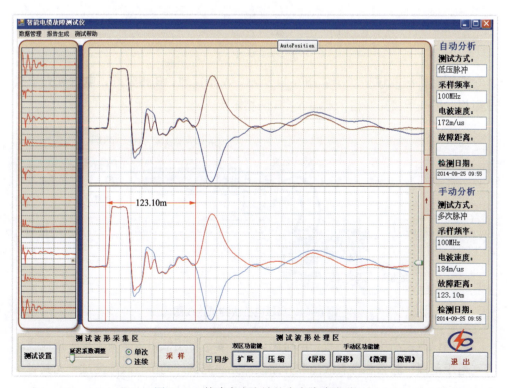

图 6-42　故障点在末端的多次脉冲波形

（4）高压电桥法。

高压电桥法测试电缆故障的原理接线如图 6-43 所示。

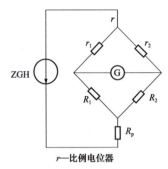

r—比例电位器

图 6-43　高压电桥法原理

由图可知，$r_1+r_2=r$，平衡后

$$\frac{R_1}{R_2}=\frac{r_1}{r_2}=\frac{L_1}{L_2+L}$$

式中：L 为电缆全长；L_1 为测试点到故障点的电缆长度；L_2 为从故障点到末端的电缆长。比例电位器由刻度盘调节，电阻比例 P 可由刻度盘（千分尺）读取，因此：

$$\frac{L_1}{2L}=\frac{r_1}{r}=P$$

$$L_1=2 \cdot P‰ \cdot L$$

高压电桥法测试接线图如图 6-44 所示，A 相接地，B 相完好，电桥红夹子接故障相，黑夹子接完好相，末端 A、B 两相短接。

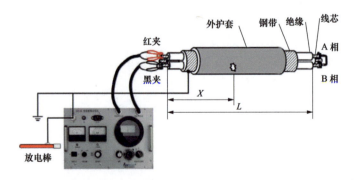

图 6-44　高压电桥法测试接线图

使用仪器：高压电桥 1 台，电桥测试线 1 套，专用低阻短接线 1 根，接地线。

适用范围：除三相都有故障和开路故障无法测试外的所有故障测试，尤其对于无法击穿的接头内部高阻故障；接头进水受潮的泄漏性高阻故障；电桥没有盲区，故障点在电缆终端的电缆；无屏蔽铠装或者屏蔽铠装断裂，锈蚀比较严重的电缆；两端都在 GIS 舱内无法退仓的电缆；电缆外护套故障有很好的测试效果。

测试步骤如下。

第 1 步：测试电缆全长。

用低压脉冲法在电缆完好相测试出电缆的全长，同时也要测试故障相的全长，防止故障相形成开路故障而造成误判。方法见第六章第二节低压脉冲法测试章节。

第 2 步：高压电桥法测试接线（见图 6-45）。

在电缆末端用专用短接线在完好相和故障相之间短接，用万用表在测试端对跨接的两相之间进行通断测试，确认末端跨接线正确。将高压电桥测试线一端接至仪器电桥测试端子，一端红夹子接故障相，黑夹子接完好相，屏蔽接地线接至电缆屏蔽层。高压电桥接地端子和放电棒接地。

图 6-45　高压电桥法测试接线

第 3 步：高压电桥法测试（见图 6-46）。

打开红色"高压分"旋钮，同时打开"电源开关"，按下"高压合"按钮，此时"电桥指示"灯被点亮；沿顺时针缓慢旋转"升压"旋钮，升高电压，注意观察右侧泄漏电流，当泄漏电流大于 20mA 时，即可进行故障距离测试；如果电压升高到 3kV，泄漏电流仍然没有达到 20mA 或电流不稳定，说明故障点没有完全被烧穿形成稳定的泄漏电流通道，此时应将高压电桥转至烧穿模式。

图 6-46　高压电桥法测试

输入测试的电缆全长，按"启动"按钮，电桥开始自动测试，等待 2～3min，电桥给出测试结果；该结果以故障距离米数和故障距离位于电缆的百分比位置给出；退出高压测试程序，对电缆进行放电后，将红黑夹子位置互换，再测试一次；将此时的测试结果和上一次测试结果相对比，两次百分比相加应约等于100%，米数相加应约等于电缆全长的 2 倍。这样的测试结果是可信的，说明该条电缆有且只有这一个故障点。高压电桥法测试结果如图 6-47 所示。

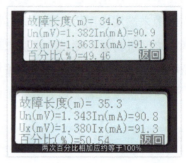

图 6-47　高压电桥法测试结果

第 4 步：故障点烧穿（若需要）。

将电缆末端悬空，并将专用烧穿测试线一端接至仪器烧穿插座，另一端红夹子接故障相，黑夹子接电缆屏蔽层。打开红色"高压分"旋钮，打开"电源"开关，按下"高压合"按钮，此时烧穿指示灯点亮，沿顺时针缓慢旋转升压旋钮，升高电压，观察电压表、电流表指示，若电流突然由小变大，并稳定在 20mA 以上，说明试品已被击穿（见图 6-48）。

第 5 步：测试结束。

高压电桥法测试结束后，沿逆时针旋转高压调节回零，等待自然放电到较低电压后，再用放电棒电阻挡、直放挡依次放电，关闭电源开关，将放电棒在直放挡位置挂在红夹子位置，再拆除高压测试线、接地线（见图 6-49）。

图 6-48　高压电桥法烧穿操作　　　　图 6-49　高压电桥法放电

分析高压电桥法测试原理图可知，在采用高压电桥法测试电缆故障时，电力电缆必须要有一个完好相；开路故障无法采用高压电桥法进行测试；当电缆故障点阻值较大时，由于无法形成稳定的电流通道，电桥法无法进行测试；当电缆截面积、材质不同时，利用高压电桥法测试会产生较大的误差，所以，测试时电缆末端跨接短路线的线径和材质尽量接近被测试电缆，并且长度要尽可能短。

对于绝缘电阻较大的故障，甚至达到几百兆欧的高阻接地故障（如接头内部的封闭性故障），或者绝缘电阻较低但是高压始终无法击穿的低阻接地故障，可先用烧穿的方法，将故障点的绝缘电阻降低到 1MΩ 以内，或将低阻故障点彻底碳化形成稳定的电流通道，以满足脉冲法或者电桥法预定位的需要。烧穿功能的实现取决于故障点的直流耐压值，对于大于设备最高输出电压的高故障点，烧穿功能无法实现；测量线的粗细和长度并不会影响测量的精度。短接线的长度和粗细会对测量结果产生较大的影响；故障电缆和辅助电缆截面积相同，电缆长度相同；如果不同，则需要进行补偿计算。

在使用短接线时，要将其电阻折算为电缆长度，并在后续的计算中加以考虑，即利用电桥法测试时，输入电缆的总长为

$$L'=L+L'_{d}/2$$

例如：电缆实际导体截面积为 2000mm^2，短接线为 95mm^2，长度为 10m，那么根据导体电阻公式：

$$R = \rho \frac{L}{S}$$

式中　ρ——电阻率，取决于材质，一般为铜；

　　　L——长度；

　　　S——截面积。

将 10m 短接线折算成与电缆截面积相同的等效长度 L'_{d}，可得等效长度为

$$\frac{电缆截面积}{短接线截面积} \times L'_{d} = \frac{2000}{95} \times 10 = 210.5$$

可见，10m 的短接线就相当于导体截面积为 2000mm^2 的电缆长度为 210.5m，相当于每相电缆延长了 105.3m，这必然会严重地影响测量结果。

5. 电缆路径埋深探测

电缆路径埋深探测时可参照第七章电缆路径探测技术章节。

6. 电缆故障精确定点

预定位得到的故障点距离只是一个粗略的结果，为了精确地找到故障点的位置，还要经过精确定点。根据不同的故障类型采用不同的精确定点方法（见表6-4）。

表 6-4 不同故障类型的精确定点方法

常用精确定点方法		
故障类型	精确定点方法	故障率
低阻、高阻故障	声磁同步定点法	90%
金属性接地故障	跨步电压法	10%

（1）声磁同步法。

使用仪器：高压定位电源，声磁同步定点仪。

适用范围：适用于除金属性接地故障外的绝大部分电缆故障的精确定点。声磁同步定点仪示意图如图 6-50 所示。

第 1 步：定点仪连接。

将声磁同步定点仪手柄和定点仪下位机相连接，将手柄调整到适当的高度。将下位机、耳机用连接线与上位机相连接，注意插孔位置，红点要对齐插入。声磁同步定点仪接线图如图 6-51 所示。

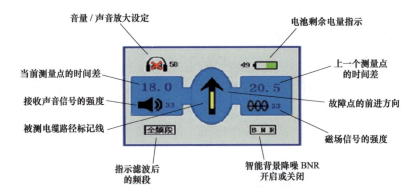

图 6-50 声磁同步定点仪示意图

图 6-51 声磁同步定点仪接线图

第 2 步：高压定位电源接线。

电缆故障点击穿放电时，除了击穿放电产生声波震动波外，电缆本体会同时向周围辐射冲击电磁波，而声波和电磁波的传播速度不一致，利用这一特点，定点仪计算接收到故障点放电时产生的声音震动波和辐射电磁波之间的时间差，随着定点仪越来越靠近故障点，这一时间差会逐渐缩小，直至到达故障点，放电声音达到最大，声磁时间差也达到最小值。从而可以快速、准确地对故障点进行定位。

第 3 步：高压定位电源操作。

打开高压发生器电源，向右旋转打开"急停"旋钮；

选择屏幕左侧"电压模式"，设置电压为 12kV，点击"启动"按钮，电压表指针上升至 12kV；点击屏幕右侧"单次"模式，高压定位电源动作一次，电压表发生突降，说明故障点已经被击穿，切换到"连续"模式开始测试；若电压表没有发生变化或摆动很小，则需要继续升高电压（不能超过仪器的额定输出电压），直至故障点被击穿。

第 4 步：定点仪设置。

长按"电源"键 2s 打开 HP-C11 定点仪电源，定点仪默认"自动哑音功能"处于开启状态。按下"功能"旋钮，选择打开"BNR"，选择"去噪设置"→"弱去噪"，此时定点仪可过滤掉大部分的外部噪声，以得到比较清晰的故障点放电声音，但是听到放电声音的范围会变小。若不选择打开"BNR"，则定点仪不滤波，可获得较大范围的放电声音，但会出现较大的噪声。

第 5 步：精确定点。

来到预估的电缆故障点位置，沿已知的电缆路径移动定点仪下位机，在每一个点，至少采集 3 次数据后再移动下位机。

当数字越来越小，放电声逐渐变大，且左右两侧数字越来越靠近时，说明正在靠近故障点。声磁同步定点仪精确定点示意图如图 6-52 所示。

直到当到数字最小，声音最大点时，就可以确认故障点了。

找到故障点后，沿电缆路径继续向前走，上位机两侧数字逐渐变大，声音变小，说明越过了故障点，箭头反转。声磁同步定点仪找到故障点示意图如图 6-53 所示。

在每个测量点停留 1～2min 后，接收到 3 个以上冲击放电脉冲。

靠近故障点时，放电声音逐渐增大。定点仪显示的声磁时间差（距故障点的距离）数值将连续降低。

到达故障点时，听到的放电声音最大。定点仪显示的声磁时间差（距故障点的距离）达到最小值。

越过故障点时，声磁时间差（距故障点的距离）会再次突然增加。主机上的箭头将自动显示掉头的指示。声磁同步定点仪精确定点步骤示意图如图 6-54 所示。

图 6-52 声磁同步定点仪精确定点示意图

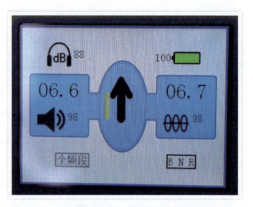

图 6-53 声磁同步定点仪找到故障点示意图

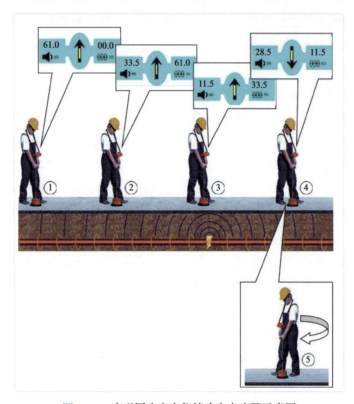

图 6-54 声磁同步定点仪精确定点步骤示意图

第 6 步：测试结束。

当电缆故障精确定点结束后，按下"急停"键，点击"升压停止"；等到电压表降到"0"时，点击"脉冲输出停止"；关闭高压电源开关，等蜂鸣器完全静音后，用放电棒电阻挡对电缆放电，然后用直放挡放电，将放电棒挂在电缆上，先拆除高压引线，再拆除接地线。

冲击高压定点时储能电容的选取依据是冲击能量的大小。

冲击能量的计算公式：

$$W = 0.5CU^2$$

式中 W——实际的冲击能量，J；

  C——储能电容的容量，μF；

  U——所加冲击电压的幅值，V。

根据能量公式可以看出，电容量越大，冲击能量越大。地面能测听到的地震波越强，越有利于现场快速、准确定点。在有条件的情况下尽量加大储能电容。最理想的容量为 2 ~ 8μF。

冲击能量又与所加冲击电压幅值的平方成正比，在电缆能承受的最大冲击高压前提下，尽量提高冲击电压，也可以达到增强故障点振动波，有利于定点测听的效果。

（2）跨步电压法。

基本原理：由发射机输出高压脉动电流，经电缆故障点入地，在故障点周围产生跨步电压，通过两根电极沿电缆路径测量电位的变化情况。当靠近故障点时，电位差将迅速增加，并在临近故障点前、后达到最大值。若遇多点故障，则可沿着电缆路径测到多点"极性变化点"，再分别找到多点地电突变的"零"电位点。跨步电压法原理示意图如图 6-55 所示。

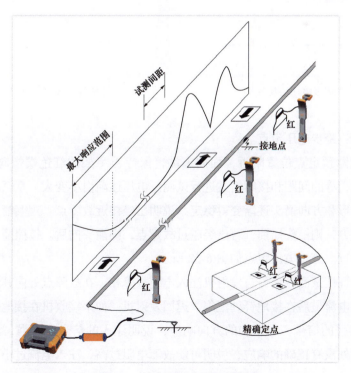

图 6-55 跨步电压法原理示意图

使用仪器：发射机、接收机、A 字架、接地线、地钎。

适用范围：用于电缆金属性接地故障，无铠装电缆接地故障，高压电缆外护套故障的精确定点。

第 1 步：测试接线。

拆除故障电缆两端接地屏蔽线并悬空。

发射机工作在直连方式，红色鳄鱼夹接故障相，黑色鳄鱼夹通过地钎接地。地钎应距离电不小于 5m 并垂直于电缆。跨步电压法接线如图 6-56 所示。

第 2 步：A 字架连接。

将两根探针拧入 A 字架下部的安装螺孔内。

将接收机附件连接线缆（两端为蓝色插头）的一端插入 A 字架的插座，另一端插入接收机的附件输入插座。A 字架连接如图 6-57 所示。

图 6-56　跨步电压法接线图

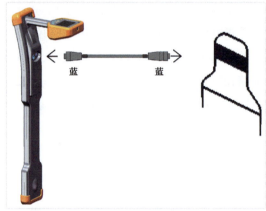

图 6-57　A 字架连接

第 3 步：跨步电压定点。

到达故障预定点位置附近，面向末端，保持 A 字架的红色端指向电缆末端；以每次大体相等的间距和接收增益进行试测。电压逐渐由小变大，直至找到电压开始增大，波形和方向箭头逐渐变得稳定，说明已经接近故障点。观察箭头方向：若故障点在前方，则箭头向前；若已经越过故障点，则箭头向后。按照箭头指示向故障点逐步靠近。跨步电压定点如图 6-58 所示。

近端验证性试测：信号自发射机注入电缆故障相，在故障点处向其周围的大地泄漏，泄漏电流最后在接地钎处汇集，返回发射机。如果接收机在接地钎附近能够检测到足够强的信号，有正确的方向响应，说明注入的信号足够强，满足查障需求；若在此处没有正确的响应，说明可能故障电阻过高，注入电流过小，无法进行故障定点。

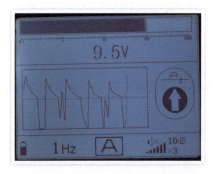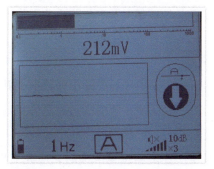

图 6-58　跨步电压定点

从电缆近端开始，面向末端，保持 A 字架的红色端向前（指向管线末端），以每次大体相等的间距和接收增益进行试测。开始时，由于距离接地点很近，信号强且稳定，箭头指向前方。随着距离增加，电压逐渐减小。再继续向前，直至找到电压开始增大，波形和查障方向箭头重新变得稳定，说明已经接近故障点。

观察箭头方向：若箭头向前，则故障点在前方；若已经越过故障点，则箭头向后。按照箭头指示向故障点逐步靠近，靠近过程中应逐步减小试测间距。当故障点正好位于 A 字架两探针之间时，电压会突然下降，而且稍微移动即会有剧烈变化。

以很小的间距移动 A 字架，会找到一个箭头方向突变且信号强度最低的点，此即为故障点，如果电缆的路径不是很明确，可将 A 字架转为与管线垂直的角度进行试测，直至找到箭头反向的点，从多方向靠近能确定故障点的准确位置。

三、作业结束

（1）正确办理工作终结手续，记录工作终结时间并汇报。

（2）工作人员工作完毕，清理现场，将所有的仪器设备、短接线、工器具等整理后放在指定位置，清点完毕装箱带离现场。

第三节　安全措施及注意事项

一、安全规程

测试过程中应该严格遵守《电力安全操作规程》，按规定履行工作许可手续，严格执行工作报告制度。

工作负责人对工作班成员进行技术交底，使参与工作的所有人员都清楚自己的工作内容、工作位置、安全风险点和预防措施。

每次测试前，要严格执行对测试电缆验电、放电、挂地线的安全操作流程。

电缆末端要有人看护，防止非工作人员进入高压区域。

二、注意事项

高压电源保护接地必须单独接地，并保证地网接地电阻在合格范围之内，如果现场无法单独接地，至少应远离电容接地，防止电容放电时造成放电点电压升高而损坏仪器。

闪测仪直接连接至电缆时，应先对电缆放电，特别是在周围有强电场的环境时，防止电缆有残余电荷损毁闪测仪。

精确定点时，可能会穿越马路等车辆较多的区域，也可能经过杂草丛生的区域，应有防止车辆撞伤和跌落沟壑的措施。

思考与练习

一、单选题

1. 根据绝缘电阻值的大小，高阻故障、低阻故障判断的分界值为（　　）Ω。

A. 100　　　　　　　　B. 200　　　　　　　　C. 300　　　　　　　　D. 400

2. 断线时，断线点阻抗为（　　）Ω，此时在断线点会产生对发射脉冲的同极性的全反射。

A. ∞　　　　　　　　B. 大于 100　　　　　　C. 小于 100　　　　　　D. 0

3. 低压脉冲测试接线，优先使用（　　）测试，这样的测试波形较为平滑，易于分析。

A. 两相线芯之间　　B. 接地　　　　　　　C. 断开　　　　　　　　D. 地线

二、多选题

1. 根据故障类型，我们需要采取相应的方法进行故障距离预定位，常用的预定位方法有（　　）。

A. 低压脉冲法　　　B. 高压冲闪法　　　　C. 多次脉冲法　　　　D. 电桥法

2. 故障距离预定位，盲区波形特征上，测试盲区一般在（　　）~（　　）m，具体的数值和闪测仪发射的脉冲宽度及测试频率有关系，是一个相对值。

A. 1　　　　　　　　B. 5　　　　　　　　　C. 10　　　　　　　　D. 20

3. 高压冲闪法故障距离预定位，用于大部分的高阻故障预定位，但是不适用（　　）电缆。

A. 铠装断裂　　　　B. 屏蔽层断裂　　　　C. 无铠装屏蔽　　　　D. 线芯断裂

三、判断题（认为正确的在括号内画"√"，错误的在括号内画"×"）

1. 根据雷达反射的原理，当发射脉冲到达故障点时，此处电缆绝缘降低，其阻抗也发生了相应的变化，脉冲遇到与电缆本体阻抗不同点而发生反射。（　　）

2. 短路时，短路点阻抗不为"0"，此时在短路点会产生对发射脉冲的负极性的全反射。（　　）

3. 高压定位电源接线，保护接地应和其他接地分开一段距离单独接地，以免电容放电后引起接地点周围地电位升高而造成仪器损坏。（　　）

第七章　10kV 电缆路径查找技术

第一节　作业梗概

一、人员组合

本项目需 3 人，具体分工见表 7-1。

表 7-1　　　　　　　　　　　　人员具体分工

人员分工	人数 / 人
监护人	1
操作人	2

二、主要工器具及材料

主要工器具、材料见表 7-2。

表 7-2　　　　　　　　　　主要工器具、材料

序号	工器具名称		参考图	规格型号或检验周期	数量	备注
1	个人工具	安全帽		塑料安全帽，检验每年一次，超过 30 个月应报废；安全帽各部分齐全无损	3 顶	
2	仪表	识别仪发射机			1 块	

（续表）

序号	工器具名称		参考图	规格型号或检验周期	数量	备注
3	仪器	识别仪接收机			1 台	
4	仪器	耦合卡钳			1 台	
5	仪器	直连线			1 台	
6	工具	地钎			2 根	
7	标志牌	接地线			1 根	
8	工具	10kV 验电器			1 个	
9	工具	放电棒			1 个	

（续表）

序号	工器具名称		参考图	规格型号或检验周期	数量	备注
10	工具	绝缘手套			1双	
11	工具	万用表			1个	

第二节　操作过程

一、作业前准备

1. 准备着装及防护

（1）安全帽检查。

1）佩戴前，应检查安全帽各配件有无破损，装配是否牢固，帽衬调节部分是否卡紧，插口是否牢靠，绳带是否系紧等。

2）根据使用者头的大小，将帽箍长度调节到适宜位置（松紧适度）。

3）安全帽在使用时受到较大的冲击后，无论是否发现帽壳有明显的断裂纹或变形，都应停止使用，更换受损的安全帽。一般 ABS 材质安全帽的使用期限不超过 2.5 年。

（2）穿戴正确（见图 7-1）。

1）需要检查并佩戴安全帽，帽子在检验有效期内、外观无破损松紧适合、安全帽三叉帽带系在耳朵前后并系紧下颌带。

2）穿着全棉长袖工作服、棉质纱线手套，穿着整洁，扣好衣扣、袖扣、无错扣、痛扣、掉扣、无破损。

3）穿着绝缘鞋，鞋带绑扎扎实整齐，无安全隐患。

2. 准备仪器及工具

检查本次作业所需要的仪器及工具（见图 7-2）：

（1）识别仪发射机 1 台。

（2）识别仪接收机 1 台。

图 7-1　着装正确

（3）耦合卡钳 1 个。

（4）直连线 1 根。

（5）地钎 2 支。

（6）接地线 2 根。

（7）10kV 验电器。

（8）10kV 放电棒。

（9）10kV 绝缘手套。

（10）万用表。

图 7-2　仪器及工具

3. 仪器检查

检测仪器开机检查，接收机和发射机能正常开机，电量充足，功能正常。检查仪器仪表及安全工器具均检定合格并在有效期内（见图 7-3）。

图 7-3　工器具及仪表检查

4. 检查作业指导书

作业前应检查作业指导书是否符合现场工作的实际需要。

5. 办理工作票

在停电的状态下，电缆识别需要办理第一种工作票；在带电的状态下，电缆识别需要办理第二种工作票。

6. 检查安全措施

（1）确认目标电缆两侧都已经和其他电气设备完全摘除；若电缆为带电状态，则需要核对线路两侧线路名称和间隔编号（见图 7-4）。

图 7-4　目标电缆安全措施

（2）设置安全围栏：在工作地点周围设置围栏，在围栏入口处悬挂"从此进出"标志牌，向外悬挂"止步　高压危险"标志牌（见图 7-5）。

图 7-5　设置安全围栏

二、作业过程

1. 召开班前会

工作负责人召集工作人员召开班前会，交代工作任务，进行安全技术交底，并分析作业风险。

本次作业的风险有以下 3 项。

（1）行为危害，预控措施有：按规定履行工作许可手续，严格执行工作报告制度；工作负责人对工作班成员进行技术交底。

（2）人身伤害，预控措施有：测试地点临近或者穿过车行道，在测试两端设立安全围栏和警示标志，或在穿过车行道时由专人进行安全监护。

（3）电击伤害，预控措施有：临近带电设备，应与检测区域外的临近带电设备保持足够安全的距离，检测前，应明确工作范围，严禁进入非工作区域。

临近带电设备，应与检测区域外的临近带电设备保持足够的安全距离，检测前，应明确工作范围，严禁进入非工作区域。

2. 摆放工器具

工作人员将工作所需的工具、仪表、材料分类摆放整齐，工器具摆放在干净的防潮铺布上（工作台上）（见图 7-2）。

3. 确认目标电缆（停电状态下）

所用到的设备有 10kV 验电器、10kV 放电棒、万用表、短接线。

（1）目标电缆验电、放电（见图 7-6）。操作人员戴绝缘手套，手持验电器，对电缆三相逐一验电；将接地线接至放电棒直放挡，对电缆三相逐一放电。

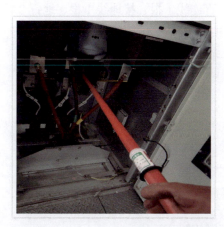

图 7-6 目标电缆验电、放电

（2）核对目标电缆两端相序（见图 7-7）。用短接线在电缆末端根据电缆色标短接 U、V 两相，在电缆的测试端用万用表通断挡测量，若导通，则可确定 W 相；

图 7-7　核对目标电缆两端相序

短接 U、W 两相，可以确定 V 相，剩余的最后一相就是 U 相。

4. 确认目标电缆（带电状态下）

确认带电状态下目标电缆（见图 7-8），需要操作人员核对电缆线路两端的双重名称，若名称一致，则证明是目标电缆。

图 7-8　确认带电状态下目标电缆

5. 发射机接线（停电状态下）

所用到的仪器有识别仪发射机 1 台、直连线 1 根、接地线 1 根、地钎 2 根。

（1）停电电缆识别时（见图 7-9），识别仪信号由目标电缆线芯注入，经末端接地和发射机构成电流回路，该方法是一种比较可靠的电缆识别方法。

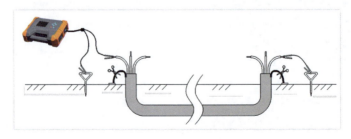

图 7-9　停电电缆识别

（2）将电缆两端铠装接地线拆除，并悬空；末端线芯接到打入地下的接地钎上；尽量使用接地钎，而不要直接用接地网。至少在电缆的对端必须用接地钎，接地钎还需要离开接地网一段距离，否则会在其他电缆上造成地线回流，影响探测效果（见图 7-10）。

图 7-10　电缆接地（一）

（3）直连线插头插入发射机信号输出插座，注意红点对红点插入。直连线红色鳄鱼夹接目标电缆 B 相芯线；黑色鳄鱼夹接到打入地下的接地钎上，若室内无法打入地钎，可通过地网接地（见图 7-11）。

图 7-11　电缆接地（二）

6. 发射机接线（带电状态下）

所用到的仪器有识别仪发射机 1 台、耦合卡钳 1 个、耦合卡钳五芯连接线 1 根。本方法适用于普通三相统包带电电缆的识别探测。发射机输出接卡钳，将卡钳卡住电缆本体（注意不能卡接地线以上部分）但是对外护套多处破损，铠装屏蔽层接地不良，断裂，以及无铠装电缆识别效果不佳。不能对单芯电缆进行识别（见图 7-12）。

图 7-12　发射机接线（带电状态下）

耦合卡钳连接线两端插头分别插入发射机和耦合卡钳的输出插座，注意红点对红点插入（见图 7-13）。

图 7-13　耦合卡钳连接

耦合卡钳应夹在电缆屏蔽接地线的下方本体。耦合卡钳箭头指向电缆末端。必须在用户端发射信号，如果在变电室端发射信号，将在所有出线上均注入信号，造成无法区分目标电缆。应将接地钎打在距离电缆 5m 之外，而且接地线应尽量和电缆方向垂直。耦合卡钳在发射信号时，严禁强行打开，以免造成卡钳损坏。应当在发射机关机后，再开合发射钳。

7. 发射机设置

（1）开机自检（直连模式）。

长按电源开关键，打开发射机电源，发射机自动检测连接的附件并工作在直连模式。在直连模式下，将会首先进行电缆电压的测量，屏幕显示如图 7-14 所示。

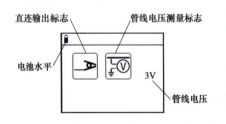

图 7-14　发射机设置

若电缆自身电压超过限制（50V），则停留在电压检测界面，并显示警告标志，不输出信号以保护仪器不被损坏，屏幕显示如图 7-15 所示。

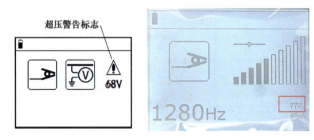

图 7-15　警告标志

此时说明电缆接地不良，应检查发射机接地和电缆末端接地是否合格。

若接地系统良好，发射机自检回路正常，则电压显示低于 50V，则数秒后自动输出信号，屏幕显示如图 7-16 所示。

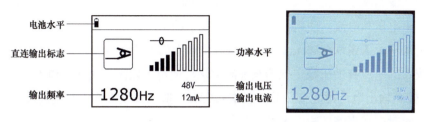

图 7-16 正常时的屏幕显示

（2）开机自检（卡钳模式）。

在发射机开机状态下，自动检测连接的附件并工作在卡钳模式，屏幕显示如图 7-17 所示。

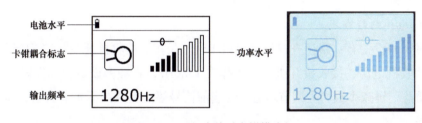

图 7-17 开机自检（卡钳模式）

卡钳耦合法无法显示耦合到电缆上的电压和电流。是否在电缆上有效地感应出电流，只能通过接收机的探测效果来判断，如果不能正常探测，则换用其他信号发射方法。

卡住电缆时确保卡钳的钳口完全闭合，并确保钳口无异物、不生锈。

8. 发射机频率选择

按"频率减小"键和"频率增大"键，选择发射频率；共有 5 种频率可供选择：640Hz，1280Hz，10kHz，33kHz，82kHz，197kHz；开机默认 1280Hz；卡钳耦合法的频率选择方法和直连法相同。

一般接地良好的电缆，使用开机默认的 1280Hz 即能完成大部分测试。长距离电缆选择较低频率（640Hz 和 1280Hz）。低频信号传播距离远，而且不容易感应到其他电缆上；这两种为复合频率信号，接收机能够进行跟踪正误提示。一般电缆的跟踪可以使用中高频率（10kHz），信号传播距离比较远，对其他电缆的感应也不是很强。

高阻电缆（如对端浮空的电缆芯线、带防腐层的管道、铸铁管等），选用较高频率（33kHz、82kHz或197kHz），高频信号辐射能力强，但传播距离较近，且易感应到其他电缆。在能够正常探测的情况下，应优先选择低频。

9. 发射机输出功率调节

按"输出减小"键和"输出增大"键，调节输出水平，共10挡，屏幕右下角显示输出电压和电流。使用卡钳耦合到电缆上的电流远小于直连法，应尽量使用最大输出水平。卡钳耦合法无法显示耦合到电缆上的电压和电流。

较大的电流有助于稳定探测及准确测深，但对于埋深很浅的电缆（深度1m之内），较高输出电流可能会造成接收饱和失真，造成接收机响应非线性及测深误差增大，此时应适当降低输出水平。

较大的电流有助于稳定探测及准确测深。

在较高频率（10kHz及以上）及很浅的深度（1m之内）时，较高输出电流可能会造成接收饱和失真，造成接收机响应非线性及测深误差增大，此时应适当降低输出水平。

降低输出功率有助于延长电池供电时间。

10. 电缆路径查找

用到的设备有：路径查找仪接收机1台。长按"接收机开关"/"静音"键，打开接收机电源，接收机开机默认工作在1280Hz，将频率设定为和发射机一致；按"增益"键减小或增大调节增益，使当前信号幅值调整在不大于100%，但不小于80%。

查找电缆路径的全过程如图7-18所示。充分掌握信号幅值、罗盘导向和测量电流相位三要素，这三个因素要同时满足才可确定电缆的位置，否则，任何一项不满足都不能确定接收机位于电缆的正上方。电缆路径查找过程如图7-19所示。

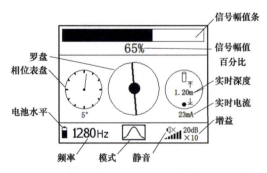
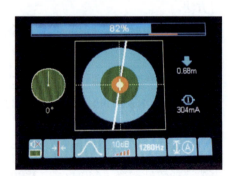

图7-18 查找电缆路径

（1）选择模式。

按"模式"键可选择宽峰、窄峰、音谷、历史曲线共4种响应模式。宽峰模式，电缆正上方的信号最强。优点是响应灵敏度高，响应范围大；缺点是响应曲线

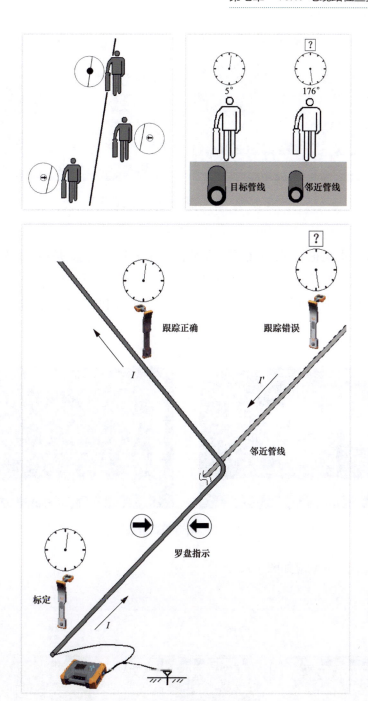

图 7-19 电缆路径查找过程

变化缓慢，不利于区分并行电缆。

　　窄峰模式与宽峰模式类似，优点是响应曲线更陡，有利于区分并行电缆；缺点是灵敏度降低。电缆路径查找模式的选择如图 7-20 所示。

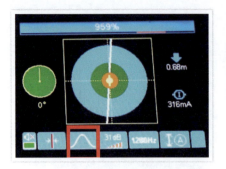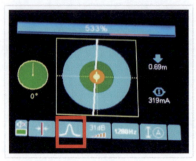

图 7–20　电缆路径查找模式的选择

　　音谷模式电缆正上方信号最弱，两侧信号变化迅速。优点是利于目标电缆的精确定位；缺点是易受干扰，强干扰下可能发生响应错误。历史曲线模式记录宽峰模式下的信号幅值历史曲线，用于记录和分辨信号随时间的变化，特别适用于相间短路故障的查找。音谷模式信号如图 7-21 所示。

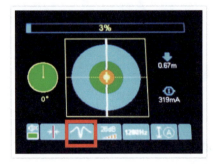

图 7–21　音谷模式信号

　　不同模式下的响应如图 7-22 所示。

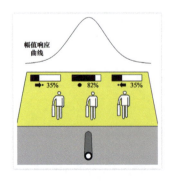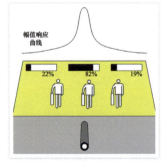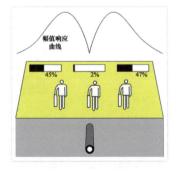

图 7–22　不同模式下的响应

　　（2）设定接收频率。

　　按"频率减小"键和"频率增大"键选择接收频率；接收频率必须和发射频率

保持一致，开机默认频率为 1280Hz；使用跟踪正误提示功能，必须工作在 640Hz 或 1280Hz 频率，其他频率不显示相位表盘。

（3）增益调整。

按压"增益减小"或"增益增加"按键，屏幕上方的信号幅值不小于 80%，且不大于 100%。增益调整如图 7-23 所示。

（4）查找电缆起始位置。

使用峰值模式（宽峰或窄峰），在靠近发射机，又确保不会受其干扰的位置开始探测，这样可以快速锁定电缆的位置；以发射机为圆心，不小于 5m 为半径旋转 1 周，寻找信号幅值最大点。接收机远离电缆路径时，信号幅值很小，屏幕不显示深度和电流值，罗盘无标线和箭头指示。相位表盘显示杂乱无章（见图 7-24）。

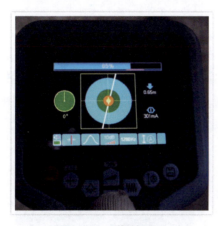
图 7-23　增益调整

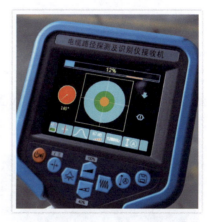
图 7-24　查找电缆起始位置

当靠近电缆路径时，罗盘中心出现箭头和标线指示，箭头向右，表示标线位于右边，提示电缆位于接收机右侧。箭头向左，则反之；但是依然没有埋深和电流值指示。此时说明接收机在靠近电缆，且电缆线路位于接收机的右侧。应继续向右移动接收机。反之，则向左移动接收机。靠近电缆路径时的显示如图 7-25 所示。

当罗盘中央箭头变为圆点，屏幕右侧显示电缆埋设深度和电流值，说明接收机位于电缆的正上方。该位置即为电缆路径查找的起始位置。其显示如图 7-26 所示。

（5）标定。

找到电缆起始路径后，在距离发射机不小于 5m 以上的距离，在已知电缆的正上方，背向发射机，面向电缆末端，按"标定"键，屏幕右下角闪烁询问是否需要进行相位归零标定，再次按"标定"键，相位表盘下的角度变为 0°。标定后的电流相位测量均以此作为基准。在对另一条电缆查找或鉴别时，必须针对需要查找的目标电缆重新进行标定（见图 7-27）。

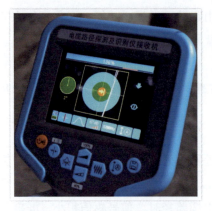

图 7-25　靠近电缆路径时的显示

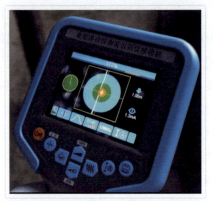

图 7-26　接收机位于电缆的正上方时的显示

（6）跟踪电缆路径。

从标定的起始点开始进行电缆跟踪。左右摆动接收机，持续跟踪峰值位置（峰值模式下的信号最强点）；每隔一段距离应选用谷值模跟踪谷值位置（音谷模式下的信号最弱点），以验证电缆的正确位置。直至找完整条电缆的路径，如图 7-28 所示。

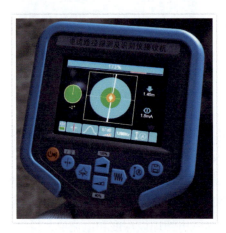

图 7-27　标定

图 7-28　跟踪电缆路径

查找过程中要注意观察罗盘标线是否位于罗盘中心，箭头是否边为圆点，相位表盘是否指向 0° 附近，是否有深度和电流值显示。若有一项不符合要求，尤其是相位表盘变为红色（指向 180° 附近）时，要考虑可能跟踪到了相邻的电缆，如图 7-29 所示。

在跟踪电缆路径的全部过程中，罗盘标线始终和电缆平行显示，当发现罗盘标线和前进方向产生夹角时，代表电缆在这里拐弯了。拐弯的方向指向标线的方向，如图 7-30 所示。

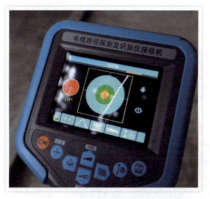
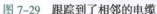

图 7-29　跟踪到了相邻的电缆

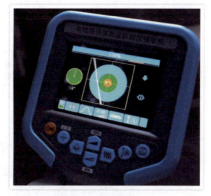

图 7-30　拐弯的电缆

如果是超长距离电缆，由于分布电容的影响，相位偏离会逐渐加大，当达到一定程度影响判断时（如大于 45°），可在确信目标电缆的正上方重新做一次标定，相位指针会重新回到正上方。

接收机扬声器的声音输出能够实时反映当前的信号强弱，对跟踪电缆有一定的帮助。

利用声音输出辅助跟踪时，在峰值模式下，当接收机接近电缆路径时，扬声器声音逐渐变大，远离电缆路径时，声音逐渐变小。音谷模式下则相反，在电缆路径正上方，声音最小，远离电缆路径时，声音逐渐变大。

11. 电缆深度查找

（1）自动测量深度和电流。

当接收机判断基本处于目标电缆正上方时，进行实时深度与电流测量，显示如图 7-31 所示。

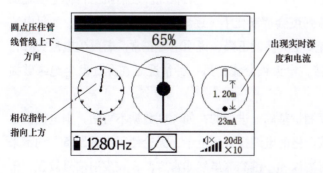
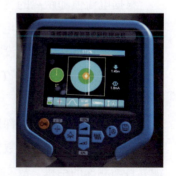

图 7-31　自动测量深度和电流

当接收机判断基本处于电缆正上方时，查找仪会同时显示电缆埋设深度和电流强度，但为得到准确的埋深，可按深度测量键，约 2s 后显示测量结果（橙色字体部分），该结果 2s 后自动消失，如图 7-32 所示。

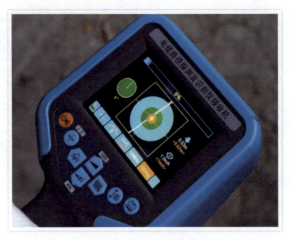

图 7-32　深度测量

扬声器的输出对实时测深略有影响，所以在习惯罗盘法探测后，应尽量将扬声器静音。将接收机贴近地面测量一次，将其提高 0.5m 再测量一次，两次深度数据之差如在 0.5m 左右，则结果可信。尽量不要在电缆转弯或电缆 T 接附近进行测量，应保证接收机距离转弯或电缆 T 接处 5m 以上。

测量得到的深度是指接收机最底部和电缆中心的距离，而电缆顶部的深度是小于测深读数的，当电缆穿过直径较大的管道时差距更加明显。并排敷设电缆较多时的干扰将增大测深误差，如果峰值点和谷值点重合，则测深数据可信；如不重合，则存在邻线干扰，且峰谷距离越大，测深误差越大。

在某些情况下，并排敷设的电缆电流小但深度浅，造成邻线信号反而比目标电缆信号强，易造成错误跟踪。分别测量并排敷设电缆的电流，电流最大（而不是幅值信号最强）的电缆才是目标电缆。

根据电流值随距离的变化，可以帮助分析电缆的状况。发射机给目标电缆施加信号，随着距离的增加，电流强度会逐渐变小（逐渐泄漏返回发射机），如果电流的衰减速度保持稳定，而没有发生突然的下降，说明电缆正常。若发生电流突降，一种情况是电缆在此处有 T 接，电流被分流；另一种情况是在此处发生绝缘破损而接地。

电流测量是在正确的深度测量基础上进行的，如深度数据不可信，则电流值也不可信。特别注意：大多数较严格的电缆探查规范中，无论使用何种设备，均不采纳其自动测深的结果，故实时测深和一键测深虽然非常方便，在发射信号较强、干扰较小、电缆敷设不太复杂的场合，其精度也基本满足要求，但其结果也只能作为一种参考。

（2）宽峰 80% 法手动深度测量。

使用宽峰法（不能使用窄峰法和音谷法），找到电缆上信号最强的点，按"增益"键，调节幅值为 60%；然后分别左右两次水平移动接收机，找到两个信号幅值减弱到 48% 的点，则两点之间的距离等于电缆深度，如图 7-33 所示。

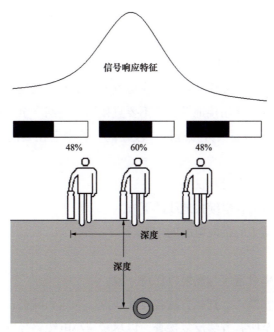

图 7-33　宽峰 80% 法手动深度测量

三、作业结束

（1）正确办理工作终结手续，记录工作终结时间并汇报。

（2）工作人员工作完毕，清理现场，将所有的仪器设备、短接线、工器具等整理后放在指定位置，清点完毕装箱带离现场。

第三节　安全措施及注意事项

一、安全规程

测试过程中应该严格遵守《电力安全操作规程》，按规定履行工作许可手续，严格执行工作报告制度。

工作负责人对工作班成员进行技术交底，使参与工作的所有人员都清楚自己的工作内容、工作位置和安全风险点及预防措施。

二、注意事项

1. 电缆停电状态下发射机设置

（1）目标电缆相序核对准确，保证测试相和末端接地相相序一致。

（2）目标电缆两端铠装应解开并悬空。

（3）目标电缆的接地应该良好，当发射机显示电压大于 50V 时，表示电缆接地不良，此时仪器保护并无任何输出，应检查电缆或发射机是否接地。

（4）目标电缆尽量使用接地钎，而不要直接用接地网。至少在电缆的对端必须用接地钎，接地钎还需要离开接地网一段距离，否则会在其他电缆上造成地线回流，影响查找效果。

2. 电缆带电状态下发射机设置

（1）耦合卡钳应夹在电缆接地线的下方。

（2）耦合卡钳箭头应指向电缆的末端。

3. 接收机操作

（1）接收机频率设置应与发射机保持一致。

（2）不同的接收模式，查找方法各有优缺点，为防止漏查，应根据现场情况采用一种、多种，甚至所有方法反复探查，以尽量减小电缆路径查找错误的可能性。

4. 路径查找注意事项

（1）在靠近发射机，又确保不会受其干扰的位置开始探测。

（2）使用卡钳时，发射机均会在近距离内产生干扰，干扰和发射功率及频率有关，功率越大、频率越高，则干扰越强。

（3）接收机和发射机的最小距离往往需要试验确定，但卡钳 5m 之外，可认为无干扰。

（4）在现场查找电缆时，目标电缆多处于多条临近电缆之间或临近电缆处于目标电缆之上，造成接收机跟踪到非目标电缆而造成跟踪错误。

（5）在同一配电室多条电缆出线因使用同一接地系统会直接造成与目标电缆的电流大小相近，造成电缆路径查找更加困难。

（6）通过信号幅值、罗盘导向和测量电流相位可以实现跟踪正误提示，实现防误跟踪。从而准确查找电缆路径。

5. 深度测量时的注意事项

（1）自动测深只有在电缆正上方时才能显示，当电缆采用峰值法和音谷法定位不一致时，说明电缆路径测试有偏差，此时的测深值也不可信。

（2）无论采取哪种测深方法，其深度只能作为参考。

思考与练习

一、单选题

1. 若电缆自身电压超过限制（　　）V，则停留在电压检测界面，并显示警告标志，不输出信号以保护仪器不被损坏。

A. 10　　　　　　　　B. 30　　　　　　　　C. 50　　　　　　　　D. 70

2. 接地良好的电缆，使用开机默认的（　　）Hz 即能完成大部分测试。

A. 1280　　　　　　　B. 640　　　　　　　C. 10k　　　　　　　D. 33k

3. 在能够正常探测的情况下，应优先选择（　　）。

A. 低频　　　　　　　B. 中频　　　　　　　C. 高频　　　　　　　D. 全频

二、多选题

1. 对端悬空的电缆芯线，选用较高频率（　　）Hz，高频信号敷设能力强，但传播距离较近，且易感应到其他电缆上。

A. 10k　　　　　　　B. 33k　　　　　　　C. 82k　　　　　　　D. 197k

2. 在较高频率（　　）及很浅的深度（　　），较高输出电流可能会造成接收饱和失真，造成接收机响应非线性及测深误差增大，此时应适当降低输出水平。

A. 10kHz 及以上　　B. 50kHz 及以上　　C. 1m 之内　　　　　D. 5m 之内

3. 电缆路径查找有（　　）等模式。

A. 宽峰　　　　　　　B. 窄峰　　　　　　　C. 音谷　　　　　　　D. 历史曲线

三、判断题（认为正确的在括号内画"√"，错误的在括号内画"×"）

1. 确认目标电缆前，操作人员戴绝缘手套，手持验电器，对电缆三相逐一验电。（　　）

2. 使用跟踪正误提示功能，必须工作在 640Hz 或 1280Hz 频率，其他频率不显示相位表盘。（　　）

3. 接收机开机默认工作在 1280Hz，将频率设定为和发射机一致。（　　）

第八章 10kV 电缆识别技术

第一节 作业梗概

一、人员组合

本项目需 3 人，具体分工见表 8-1。

表 8–1　　　　　　　　　　　　人员具体分工

人员分工	人数 / 人
监护人	1
操作人	2

二、主要工器具及材料

主要工器具、材料见表 8-2。

表 8–2　　　　　　　　　　　　主要工器具、材料

序号	工器具名称		参考图	规格型号或检验周期	数量	备注
1	个人工具	安全帽		塑料安全帽，检验每年一次，超过 30 个月应报废；安全帽各部分齐全无损	3 顶	
2	仪表	识别仪发射机			1 块	

（续表）

序号	工器具名称		参考图	规格型号或检验周期	数量	备注
3	仪器	识别仪接收机			1 台	
4	仪器	耦合卡钳			1 台	
5	仪器	柔性线圈		无局放电容器，与高压单元配套使用	1 台	
6	仪器	直连线			1 台	
7	工具	地钎			2 根	
8	标志牌	接地线			1 根	
9	工具	10kV 验电器			1 个	

（续表）

序号	工器具名称		参考图	规格型号或检验周期	数量	备注
10	工具	放电棒			1个	
11	工具	绝缘手套			1双	
12	工具	万用表			1个	

第二节　操作过程

一、作业前准备

1. 准备着装及防护

（1）安全帽检查。

1）佩戴前，应检查安全帽各配件有无破损，装配是否牢固，帽衬调节部分是否卡紧，插口是否牢靠，绳带是否系紧等。

2）根据使用者头的大小，将帽箍长度调节到适宜的位置（松紧适度）。

3）安全帽在使用时受到较大冲击后，无论是否发现帽壳有明显的断裂纹或变形，都应停止使用，更换受损的安全帽。一般 ABS 材质安全帽的使用期限不超过2.5 年。

（2）穿戴正确（见图 8-1）。

1）需要检查并佩戴安全帽，帽子在检验有效期内、外观无破损、松紧适合、安全帽三叉帽带系在耳朵前后并系紧下颌带。

2）穿着全棉长袖工作服、棉质纱线手套，穿着整洁，扣好衣扣、袖扣、无错扣、痛扣、掉扣、无破损。

图 8-1　着装正确

3）穿着绝缘鞋，鞋带绑扎扎实整齐，无安全隐患。

2. 准备仪器及工具

检查本次作业所需要的仪器及工具如下，如图 8-2 所示。

（1）识别仪发射机 1 台。

（2）识别仪接收机 1 台。

（3）耦合卡钳 1 个。

（4）柔性线圈 1 个。

（5）直连线 1 根。

（6）地钎 2 支。

（7）接地线 2 根。

（8）10kV 验电器。

图 8-2　仪器及工具

（9）10kV 放电棒。

（10）10kV 绝缘手套。

（11）万用表。

3. 仪器检查

检测仪器开机检查，接收机和发射机能正常开机，电量充足，功能正常。检查仪器仪表及安全工器具均检定合格并在有效期内（见图 8-3）。

图 8-3　工器具及仪表检查

4. 检查作业指导书

作业前应检查作业指导书是否符合现场工作的实际需要。

5. 办理工作票

在停电的状态下，电缆识别需要办理第一种工作票；在带电的状态下，电缆识别需要办理第二种工作票。

6. 检查安全措施

（1）确认目标电缆两侧都已经和其他电气设备完全摘除；若电缆为带电状态，则需要核对线路两侧线路名称和间隔编号（见图 8-4）。

图 8-4　目标电缆安全措施

（2）设置安全围栏：在工作地点周围设置围栏，在围栏入口处悬挂"从此进出"标示牌，向外悬挂"止步　高压危险"标示牌，如图 8-5 所示。

图 8-5　设置安全围栏

二、作业过程

1. 召开班前会

工作负责人召集工作人员召开班前会，交代工作任务，进行安全技术交底，并分析作业风险。

本次作业的风险有以下 3 项：

（1）行为危害，预控措施。

按规定履行工作许可手续，严格执行工作报告制度；工作负责人对工作班成员进行技术交底。

（2）人身伤害，预控措施。

测试地点临近或者穿过车行道，在测试两端设立安全围栏和警示标志，或在穿过车行道时由专人进行安全监护。

（3）电击伤害，预控措施。

临近带电设备，应与检测区域外的临近带电设备保持足够的安全距离，检测前，应明确工作范围，严禁进入非工作区域。

2. 摆放工器具

工作人员将工作所需的工具、仪表、材料分类摆放整齐，工器具摆放在干净的防潮铺布上（工作台上）（见图 8-2）。

3. 确认目标电缆（停电状态下）

所用到的设备有 10kV 验电器、10kV 放电棒、万用表、短接线。

（1）目标电缆验电、放电（见图 8-6）。

操作人员戴绝缘手套，手持验电器，对电缆三相逐一验电；将接地线接至放电棒直放挡，对电缆三相逐一放电。

图 8-6　目标电缆验电、放电

（2）核对目标电缆两端相序（见图 8-7）。

用短接线在电缆末端根据电缆色标短接 A、B 两相，在电缆的测试端用万用表通断挡测量，若导通，则可确定 C 相；若短接 A、C 两相，可以确定 B 相，剩余的最后一相就是 A 相。

图 8-7　核对目标电缆两端相序

4. 确认目标电缆（带电状态下）

确认带电状态下目标电缆（见图 8-8），需要操作人员核对电缆线路两端的双重名称，若名称一致，则证明是目标电缆。

图 8-8　确认带电状态下目标电缆

5. 发射机接线（停电状态下）

识别仪发射机 1 台、直连线 1 根、接地线 1 根、地钎 2 根。

（1）停电电缆识别时，识别仪信号由目标电缆线芯注入，经末端接地和发射机构成电流回路，该方法是一种比较可靠电缆识别方法。

（2）将电缆两端铠装接地线拆除，并悬空；末端线芯接到打入地下的接地钎上；尽量使用接地钎，而不要直接用接地网。至少在电缆的对端必须用接地钎，接地钎还需要离开接地网一段距离，否则会在其他电缆上造成地线回流，影响探测效果，如图 8-9 所示。

图 8-9　电缆地线连接

（3）直连线插头插入发射机信号输出插座，注意红点对红点插入。直连线红色鳄鱼夹接目标电缆 V 相芯线；黑色鳄鱼夹接到打入地下的接地钎上，若室内无法打入地钎，可通过地网接地，如图 8-10 所示。

图 8-10　接地

6. 发射机接线（带电状态下）

所用到的仪器有识别仪发射机 1 台、耦合卡钳 1 个、耦合卡钳五芯连接线 1 根。

（1）耦合卡钳五芯连接线两端插头分别插入发射机和耦合卡钳的输出插座，注意红点对红点插入，如图 8-11 所示。

（2）耦合卡钳应夹在电缆屏蔽接地线的下方本体。耦合卡钳箭头指向电缆末端。必须在用户端发射信号，如果在变电室端发射信号，将在所有出线上均注入信号，造成无法区分目标电缆。应将接地钎打在距离电缆 5m 之外，而且接地线应尽量和电缆方向垂直。耦合卡钳在发射信号时，严禁强行打开，以免造成卡钳损坏。应当在发射机关机后，再开合发射钳。

图 8-11　发射机接线（带电状态下）

7. 发射机设置

（1）开机自检（直连模式）。

长按电源开关键，打开发射机电源，发射机自动检测连接的附件并工作在直连模式。在直连状态下，将会首先进行电缆电压的测量，屏幕显示如图 8-12 所示。

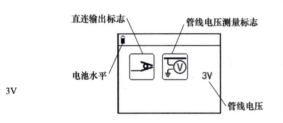
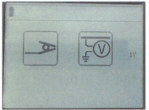

图 8-12　开机自检（直连模式）

若电缆自身电压超过限制（50V），则停留在电压检测界面，并显示警告标志，不输出信号以保护仪器不被损坏，屏幕显示如图 8-13 所示。

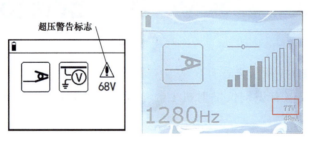

图 8-13　警告标志

此时说明电缆接地不良，应检查发射机接地和电缆末端接地是否合格。

若接地系统良好，发射机自检回路正常，则电压显示低于 50V，则数秒后自动输出信号，屏幕显示如图 8-14 所示。

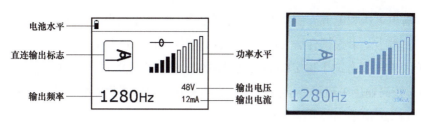

图 8-14　正常时的屏幕显示

（2）开机自检（卡钳模式）。

在发射机开机状态下，自动检测连接的附件并工作在卡钳模式，屏幕显示如图 8-15 所示。

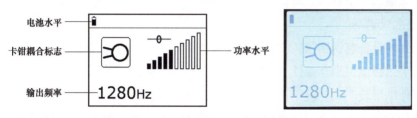

图 8-15　开机自检（卡钳模式）

卡钳耦合法无法显示耦合到电缆上的电压和电流。是否在电缆上有效地感应出电流，只能通过接收机的探测效果来判断，如果不能正常探测，则换用其他信号发射方法。

卡住电缆时，确保卡钳的钳口完全闭合，并确保钳口无异物、不生锈。

8. 发射机频率选择

按"频率减小"键和"频率增大"键，选择发射频率；共有 5 种频率可供选择：640Hz、1280Hz、10kHz、33kHz、82kHz、197kHz；开机默认 1280Hz；卡钳耦合法的频率选择方法和直连法相同。

一般接地良好的电缆，使用开机默认的 1280Hz 即能完成大部分测试。长距离电缆选择较低频率（640Hz 和 1280Hz）。低频信号传播距离长，而且不容易感应到其他电缆上；这两种为复合频率信号，接收机能够进行跟踪正误提示。一般电缆的跟踪可以使用中高频率（10kHz），信号传播距离比较远，对其他电缆的感应也不是很强。

高阻电缆（如对端浮空的电缆芯线、带防腐层的管道、铸铁管等），选用较高频率（33kHz、82kHz 或 197kHz），高频信号辐射能力强，但传播距离较近，且易感应到其他电缆。在能够正常探测的情况下，应优先选择低频。

9. 发射机输出功率调节

按"输出减小"键和"输出增大"键，调节输出水平，共分 10 挡，屏幕右下角显示输出电压和电流。使用卡钳耦合到电缆上的电流远小于直连法，应尽量使用最大输出水平。卡钳耦合法无法显示耦合到电缆上的电压和电流。

较大的电流有助于稳定探测及准确测深，但对于埋深很浅的电缆（深度在 1m 之内），较高输出电流可能会造成接收饱和失真，造成接收机响应非线性及测深误差增大，此时应适当降低输出水平。

较大的电流有助于稳定探测及准确测深。

在较高频率（10kHz 及以上）及很浅的深度（1m 之内），较高输出电流可能会造成接收饱和失真，造成接收机响应非线性及测深误差增大，此时应适当降低输出水平。

降低输出功率有助于延长电池供电时间。

10. 电缆识别

用到的设备有识别仪接收机 1 台、柔性卡钳 1 个、听诊器 1 个。电缆识别方法有柔性卡钳智能识别、柔性卡钳电流测量，听诊器识别三种方法。柔性卡钳智能鉴别是一种结果较明确、抗干扰能力较强的鉴别方法。

信号发射方法，发射机必须设定为 1280Hz 或 640Hz 频率。一般使用开机默认的 1280Hz 能满足大部分测试要求，超长电缆可选用 640Hz。

（1）识别仪接收机与柔性卡钳连接。

将柔性卡钳引出线的插头插入接收机的附件输入插座，注意红点对红点插入，如图 8-16 所示。

图 8-16 识别仪接收机与柔性卡钳连接

长按接收机"开关 / 静音"键，打开接收机电源，接收机自动识别连接的附件，设为卡钳接收模式，界面如图 8-17 所示。

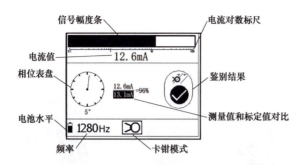

图 8-17 卡钳接收模式界面

接收机开机默认工作在 1280Hz，将频率设定为和发射机一致；卡钳模式下不需要调整增益，直接显示电流值，并且和标定的电流对比计算并显示其百分比；相位表盘显示电流相位；鉴别结果显示鉴别正确或错误图标。

（2）标定。

柔性卡钳智能鉴别需要接收机首先在目标电缆的已知位置测量其电流强度及相位，作为比较的基准，将未知点的测量结果与基准做比较，做出鉴别正确或错误的判断。测量并记录基准电流及相位的过程即为标定，标定界面如图 8-18 所示。

首先在目标电缆距离发射机 2m 以上的距离处用柔性卡钳卡住目标电缆本体，卡钳的电流方向指向电缆末端，测量并记录基准电流及其相位作为比较的基准，如图 8-19 所示。

图 8-18 标定界面

图 8-19 卡钳的电流方向指向电缆末端

接收机接收到电流和相位信息后，按"标定"键，仪器显示需要确认的提示，再次按"标定"键，显示标定完成；此时相位归零，相位表盘指针指向正上方，表盘下的角度变为 0°，同时电流值作为对比计算的分母（反显），鉴别结果显示为正确；同一回路电缆的识别均以此作为基准。标定完成后数据关机不丢失，但在对另一条电缆进行鉴别时，必须针对新的目标电缆重新标定，如图 8-20 所示。

（3）电缆识别。

离开标定点，到达需要识别的位置，将柔性卡钳卡住电缆本体。注意柔性卡钳的方向箭头保持指向电缆末端，如图 8-21 所示。

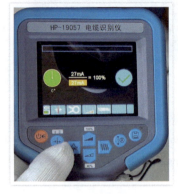

图 8-20　标定操作

图 8-21　柔性卡钳的方向箭头保持指向电缆末端

如果卡住的是目标电缆，则其电流强度和相位均应与标定点的测量结果相差不大，符合以下标准，则说明是目标电缆，鉴别参考结果显示为正确：①可确定电流值大于标定值的 75%，且小于 120%；②电流相位差不超过 45°。鉴别过程示意如图 8-22 所示。

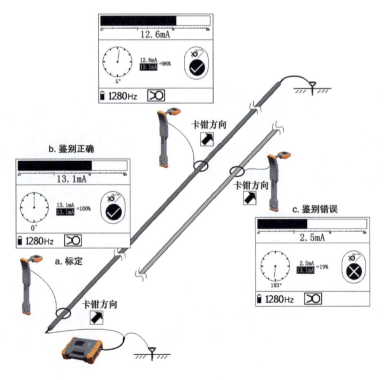

图 8-22　鉴别过程示意图

若不是目标电缆，则鉴别参考结果显示为错误。

（4）柔性卡钳电流测量。

除 640Hz 和 1280Hz 外的其他频率只能测量电流，不能测量相位并标定，从而不能进行智能判断，但以通过电流值做出人工判断。

选定 10kHz、33kHz、82kHz 和 197kHz 中的任意一个频率，可测得通过电缆的电流值，如图 8-23 所示。

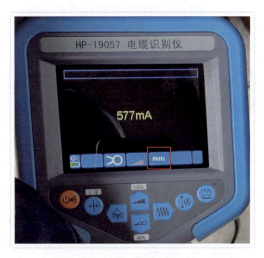

图 8-23　选定频率

对于 10kHz、33kHz、82kHz 和 197kHz 频率，由于频率较高，信号通过电缆和大地之间的分布电容泄漏较大，测量得到的电流值会随距离的增加逐渐减小。

当采用柔性卡钳识别电缆信号不稳定时可通过改变发射机频率测量电流作为辅助手段，多种方法综合运用，但是应优先使用智能鉴别，电流测量法只作为辅助手段。

（5）当鉴别现场电缆排列非常密集，柔性卡钳无法卡住电缆时，可以使用听诊器法鉴别。

听诊器识别适用于直连法时的电缆识别，带电电缆也可以采用这种方法，但是效果易受到邻近电缆的影响。

接收机附件连接线缆（两端为蓝色插头）的一端插入听诊器的插座，另一端插入接收机的附件输入插座。在开机状态下，接收机自动识别连接的附件，设为听诊器接收模式，界面如图 8-24 所示。

使用听诊器鉴别时，若需最高程度的确认，发射机红黑夹子应接在电缆两相之间，并在远端将这两相相互短路，听诊器接收模式示意如图 8-25 所示。

听诊器适用于所有频率。当选择 640Hz 和 1280Hz 时，能够测量电流相位，可以使用防误跟踪功能，注意听诊器上的箭头指向电缆末端。当鉴别现场电缆排列非

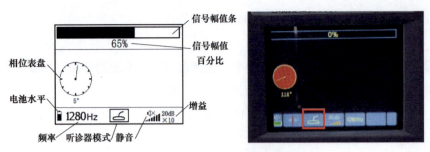

图 8-24　听诊器接收模式界面

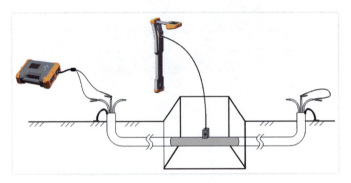

图 8-25　听诊器接收模式示意图

常密集，柔性卡钳无法卡住电缆时，可以使用听诊器法进行鉴别。听诊器识别适用于直连法时的电缆识别，带电电缆也可以采用这种方法，但是效果易受到邻近电缆的影响。在发射机近端，将听诊器紧贴目标电缆，调整到合适的增益，在未知点识别时不要再调整增益，能够加快鉴别速度，提高准确率。

听诊器只是将探测线圈外置，故其他操作和使用内置线圈完全相同。将听诊器紧贴待测电缆，而尽量远离邻近电缆，目标电缆上将会有较大的响应，而邻近电缆上的响应很小。根据信号幅值的大小差异，人工区分目标电缆和其他电缆，如图 8-26 所示。

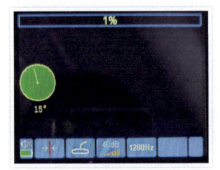

图 8-26　听诊器接收模式人工区分目标电缆和其他电缆

找到信号最强的电缆后，将听诊器环绕电缆一周。由于目标电缆的两相间通电，电流一去一回，且间隔一定的距离，环绕时信号应有强弱变化，而非目标电缆没有此特性，可以用此方法进行最后的确认，如图 8-27 所示。

三、作业结束

（1）正确办理工作终结手续，记录工作终结时间并汇报。

（2）工作人员工作完毕，清理现场，将所有的仪器设备、短接线、工器具等整理后放在指定位置，清点完毕装箱带离现场。

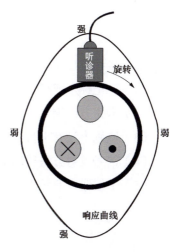

图 8-27　听诊器环绕电缆一周检测过程示意图

第三节　安全措施及注意事项

一、安全规程

测试过程中应该严格遵守《电力安全操作规程》，按规定履行工作许可手续，严格执行工作报告制度。

工作负责人对工作班成员进行技术交底，使参与工作的所有人员都清楚自己的工作内容、工作位置、安全风险点和预防措施。

二、注意事项

直连法使用较繁琐，但目标电缆上的有效电流最大，且不易受邻近电缆干扰，识别结果更为可靠，故应优先采用。

采用卡钳法对带电电缆发射信号，必须保证电缆两端良好接地，以形成较大的耦合电流。如果电流很小，应注意并检查，包括确认卡住的是否为目标电缆。

标定和识别时，发射卡钳和接收卡钳的方向箭头必须指向电缆末端，且须保证卡钳闭合良好。

电缆识别涉及人身及设施安全，必须在仪器给出结果的基础上，先根据各种现场信息（如电缆直径等）进行排除，剩余的要分析各条并行电缆的电流强度和相位的区别，最后做出判断。

仪器的正确判断建立在正确的操作上，请务必保证接线方式及标定操作的正确性。

　　如果两条或几条电缆均显示鉴别正确，或者全部显示鉴别错误，且观察电流值和相位相差不大，则必须引起足够的重视，不要轻易下结论，出现这种情况很可能是发射机接线方法有误。应首先检查以下几种错误：

　　（1）忘记标定或标定不正确。

　　（2）卡钳方向倒置。

　　（3）鉴别中没有卡目标电缆，而是只卡了几条邻线。

　　（4）信号发射方法选用不当。

　　（5）卡钳钳口有污物，须擦干净后重新标定、鉴别。

思考与练习

一、单选题

1. 进行停电电缆识别时，识别仪信号由目标电缆（　）注入，经末端接地和发射机构成电流回路，该方法是一种比较可靠的电缆识别方法。

A. 线芯　　　　　　B. 接地线　　　　　　C. 铜排　　　　　　D. 相邻相线

2. 进行卡钳耦合法识别，对（　）识别效果好。外护套多处破损，铠装屏蔽层接地不良、断裂及无铠装电缆识别效果不佳。

A. 外护套多处破损　　　　　　　　B. 铠装屏蔽层接地不良

C. 断裂及无铠装电缆　　　　　　　D. 以上都不正确

3. 卡钳耦合法，对于埋深很浅的电缆〔深度（　）m之内〕，较高输出电流可能会造成接收饱和失真。

A. 1　　　　　　　　B. 1.5　　　　　　　C. 2　　　　　　　D. 3

二、多选题

1. 检查安全措施时，应确认目标电缆两侧都已经和其他电气设备完全摘除；若电缆为带电状态，则需要核对线路两侧（　）。

A. 标识牌信息　　　　　　　　　B. 线路名称

C. 间隔编号　　　　　　　　　　D. 指示灯信息

2. 在工作地点周围设置围栏，在围栏入口处悬挂"（　）"标志牌，向外悬挂"（　）"标志牌。

A. 从此进出　　　　　　　　　　B. 止步　高压危险

C. 在此工作　　　　　　　　　　D. 注意安全

3. 在停电状态下确认目标电缆时，应对其（　）。

A. 接地　　　　　　B. 隔离　　　　　　C. 验电　　　　　　D. 放电

三、判断题（认为正确的在括号内画"√"，错误的在括号内画"×"）

1. 停电状态下发射机接线时，尽量使用接地网，不要直接用接地钎。（　）

2. 测试接线期间，鳄鱼夹接到打入地下的接地钎上，若室内无法打入地钎，可通过地网接地。（　）

3. 用卡钳耦合法测量时，卡钳卡住电缆本体，不能卡接地线以上部分。（　）

第九章　10kV 电缆超低频介损测试技术

第一节　作业梗概

一、人员组合

本项目需 3 人，具体分工见表 9-1。

表 9-1　　　　　　　　　　　　　人员具体分工

人员分工	人数 / 人
监护人	1
操作人	2

二、主要工器具及材料

主要工器具、材料见表 9-2。

表 9-2　　　　　　　　　　　　　主要工器具、材料

序号	工器具名称		参考图	规格型号或检验周期	数量	备注
1	个人工具	安全帽		塑料安全帽，检验每年一次，超过 30 个月应报废；安全帽各部分齐全无损	3 顶	
2	仪表	绝缘电阻表		2500V 绝缘电阻表检验周期 5 年	1 块	

（续表）

序号	工器具名称		参考图	规格型号或检验周期	数量	备注
3	工器具	绝缘手套		10kV，每 6 个月试验一次		
4	仪器	超低频高压发生器			1 台	
5	仪器	介损测量系统		无局放电容器，与高压单元配套使用	1 台	
6	仪器	笔记本电脑			1 台	
7	工具	接地线			2 根	
8	标示牌	标志牌		禁止标志牌，指示标志牌	2 块	
9	工具	10kV 验电器			1 个	

（续表）

序号	工器具名称		参考图	规格型号或检验周期	数量	备注
10	工具	放电棒			1个	
11	工具	万用表			1个	

第二节　操作过程

一、作业前准备

1. 准备着装及防护

（1）安全帽检查。

1）佩戴前，应检查安全帽各配件有无破损，装配是否牢固，帽衬调节部分是否卡紧，插口是否牢靠，绳带是否系紧等。

2）根据使用者头的大小，将帽箍长度调节到适宜位置（松紧适度）。

3）安全帽在使用时受到较大冲击后，无论是否发现帽壳有明显的断裂纹或变形，都应停止使用，更换受损的安全帽。一般 ABS 材质安全帽的使用期限不超过 2.5 年。

（2）穿戴正确。

1）需要检查并佩戴安全帽，帽子在检验有效期内、外观无破损，松紧适合、安全帽三叉帽带系在耳朵前后并系紧下颌带；

2）穿着全棉长袖工作服、棉质纱线手套，穿着整洁，扣好衣扣、袖扣、无错扣、痛扣、掉扣、无破损；

3）穿着绝缘鞋，鞋带绑扎扎实整齐，无安全隐患，如图 9-1 所示。

2. 准备仪器及工具

本次作业所需要的仪器及工具（见图 9-2）：

（1）超低频高压发生器 1 台。

图 9-1　着装正确

（2）介损测量系统 1 台。

（3）笔记本电脑 1 台。

（4）接地线 2 根。

（5）10kV 验电器 1 只。

（6）10kV 放电棒 1 只。

（7）10kV 绝缘手套 1 双。

（8）万用表 1 只。

（9）绝缘电阻表 1 只。

图 9-2　仪器及工具

3. 仪器检查

检测仪器开机检查，接收机和发射机能正常开机，电量充足，功能正常。检查仪器仪表及安全工器具均检定合格并在有效期内，如图 9-3 所示。

图 9-3　工器具及仪表检查

4. 办理工作票

介损测试需要办理第一种工作票。

5. 检查安全措施

（1）目标电缆安全措施（见图 9-4）。

目标电缆两侧芯线都已经和其他电气设备完全摘除并保持屏蔽接地。

图 9-4　目标电缆安全措施

（2）设置安全围栏（见图 9-5）。

在工作地点周围设置安全围栏，在围栏入口处悬挂"从此进出"标志牌，向外悬挂"止步　高压危险"标志牌。

图 9-5　设置安全围栏

二、作业过程

1. 召开班前会

工作负责人召集工作人员召开班前会，交代工作任务，进行安全技术交底，并分析作业风险。

本次作业的风险有以下3项。

（1）行为危害，预控措施。

按规定履行工作许可手续，严格执行工作报告制度；工作负责人对工作班成员进行技术交底。

（2）人身伤害，预控措施。

测试地点临近或者穿过车行道，在测试两端设立安全围栏和警示标志，或在穿过车行道时由专人进行安全监护。

（3）电击伤害，预控措施。

临近带电设备，应与检测区域外的临近带电设备保持足够的安全距离，检测前，应明确工作范围，严禁进入非工作区域。

2. 摆放工器具

工作人员将工作所需的工具、仪表、材料分类摆放整齐，工器具摆放在干净的防潮铺布上（工作台上）（见图9-2）。

3. 测量绝缘电阻

所用到的设备有绝缘电阻测试仪、短接线10kV验电器、10kV放电棒。

（1）目标电缆验电、放电。

操作人员戴绝缘手套，手持验电器，对电缆三相逐一验电；将接地线接至放电棒"直放"挡，对电缆三相逐一放电，如图9-6所示。

图9-6　目标电缆验电、放电

（2）测量绝缘电阻。

将电缆两端分开，相与相之间，以及与周边留出不小于20cm的安全距离；使用不小于2500V绝缘电阻表，测量电缆三相对地绝缘电阻和每相之间的绝缘电阻，如图9-7所示。

图 9–7　测量绝缘电阻（一）

将绝缘电阻表红色高压线接电缆线芯，电缆非测试相短接接地，电缆对端悬空；绝缘电阻不小于 30MΩ，并做好记录。否则应停止测试，如图 9-8 所示。

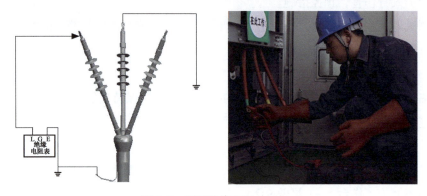

图 9–8　测量绝缘电阻（二）

4. 测试线连接

测试设备包含：超低频高压发生器 1 台、介损测量系统 1 台。在对超低频介损测试进行设置前请参考相关的安全守则。将超低频高压发生器连接到 TD30 介损测量系统，再从 TD30 介损测量系统连接到被试电缆其中一相，非测试相和电缆屏蔽全部接地。其接线示意图如图 9-9 所示。

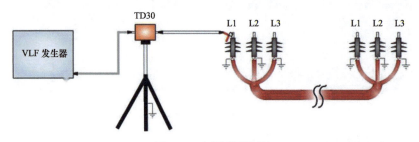

图 9–9　介损测量接线

（1）接地。

清除被测电缆两端周围 20cm 以内的金属物体。

将 VLF 高压发生器接地端子用 25mm^2 透明护套接地线与变电站地网连接。

将放电棒接地；电缆非测试相和两端电缆屏蔽层接地；TD30 同轴电缆屏蔽接地，如图 9-10 所示。

图 9-10　接地线连接

（2）高压电缆连接。

将介损测量系统的高压插头插入超低频耐压测试仪左侧插孔；拧开介损测量系统顶部的铝盖，打开电源开关后盖上铝盖。用专用高压连接线从铝盖顶部插孔插入，另一端夹在电缆测试相线芯。将非测试相短接后接地；在整个测试过程中，电缆末端始终保持开路并悬空，如图 9-11 所示。

图 9-11　高压接线连接

5. 开始试验

（1）将介损测量系统和笔记本通过蓝牙连接，打开超低频介损测量系统测试软件，测试界面底部通信端口选择"Direct"，然后单击右侧"连接到 TD 系统"按钮；电脑蓝牙搜索到 TD 系统后，弹出是否要连接到 TD 系统的提示框，选择"是"按钮，开始与 TD 系统建立连接，如图 9-12 所示。

大约 5s 之后，蓝牙连接成功，控制中心会在标题栏中显示连接状态。连接成功后介损测量系统蓝色指示灯开始闪烁，进入测量状态，如图 9-13 所示。

图 9-12　开始试验

图 9-13　连接成功

（2）编辑报告信息。

打开测试程序中的"编辑报告"菜单，提前将被测目标电缆的信息输入计算机中。

被测设备描述：填写线路名称（用作报告标题），线路的起止地点等信息。

被测设备属性：填写电缆的绝缘材料。电压等级、规格，以及制造厂家等信息。

工作信息：填写试验单位、操作人员等信息，界面如图 9-14 所示。

（3）选择当前要测试的相序。

程序默认是从"A 相"开始测试；若需要改变测试相序，可以手动选择来改变测试相序，如图 9-15 所示。

TD30 只是介质损耗测量系统，并没有高压输出，所以还要借助于一个超低频高压发生器，输出频率为 0.1Hz 的正弦波高压信号。因此，总是要将 TD30 视为与高低频高压电源"供电"相同的电压电位。

绝对电压等级是按照输入配置目录的电压等级施加试验电压。

图 9-14　工作信息界面

图 9-15　选择当前要测试的相序

（4）操作超低频高压发生器。

高压发生器操作顺序：向右将安全钥匙拧到"打开"位置；弹起"红色急停"按钮；通过黑色旋转鼠标选择相应的测试程序；按下绿色高压开关，选择 10kV 电缆试验程序，高压发生器开始按照设定程序输出高压，频率为 0.1Hz，如图 9-16 所示。

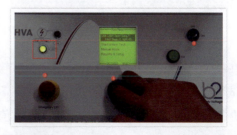

图 9-16　操作超低频高压发生器

测试方式：自动测试，如图 9-17 所示。

电缆额定电压：10kV；试验步骤：分 3 次升压，第一阶段电压为 4.4kV（$0.5U_0$）；第二阶段电压为 8.7kV（$1.0U_0$）；第三阶段电压为 14.8kV（$1.5U_0$），每一个步骤试验时间为 2min；输出波形：频率为 0.1Hz 的正弦波。

图 9-17　自动测试界面

确认试验流程无误后，用旋转鼠标将光标移到"START（开始）"位置，再一次按下旋转鼠标，显示"注意，按下高压开关输出高压"，超低频高压发生器按照设定的试验流程输出频率为0.1Hz的正弦波电压，TD30测量系统开始采集电缆的介质损耗数据，并通过蓝牙连接发送到笔记本电脑上，如图9-18所示。

图9-18 介质损耗测试过程

（5）加压过程。

$0.5U_O$、$1.0U_O$、$1.5U_O$这3个过程，加压界面显示测试频率、有效值、瞬时峰值电压、泄漏电流、电缆电容量、绝缘电阻，如图9-19所示。

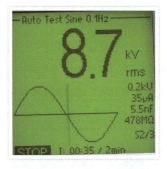

图9-19 加压过程

在超低频高压发生器加压的同时，测试软件会按照加压的3个阶段分别自动记录测试数据（见图9-20），具体如下。

介损平均值，即采样周期内每次采样数值的平均值。

介损变化率，即$1.5U_O$和$0.5U_O$下介损平均值的差值。

介损偏差，即在同一电压下介损值随时间的变化率。

自动绘制介损值随电压阶段的函数关系，这个图可以直观地看到电缆的介质损耗随电压等级的变化，如图9-21所示。

（6）关闭超低频高压发生器，准备换相。

当A相测试完成后，超低频高压发生器自动关闭高压电源，红色高压指示灯熄灭，绿色电源指示灯点亮。显示屏显示：自动试验已经完成；试验频率0.1Hz，3个阶段试验电压是4.4、8.7、14.8kV，如图9-22所示。

TD报告A 相,

系统使用 SN: GH5300.13A020

Start 2023/5/24 21:07:38　　　　　　　　　　A 相　　　　**更改相**

Mean (7): TD 0.39 E-3, Std. Dev. 0.00 E-3, 4.4 kVrms, 2.285 mArms, 0.1 Hz, 824 nF

#	TD [E-3]	电压 [rms]	电流 [rms]	加载 Cap.	持续时间
1	0.4	4.4 kV	2.285 mA	824 nF	10 s
2	0.4	4.4 kV	2.285 mA	824 nF	20 s
3	0.4	4.4 kV	2.285 mA	824 nF	30 s
4	0.4	4.4 kV	2.285 mA	824 nF	40 s
5	0.4	4.4 kV	2.285 mA	824 nF	50 s
6	0.4	4.4 kV	2.285 mA	824 nF	1 m 00 s
7	0.4	4.4 kV	2.285 mA	824 nF	1 m 10 s

Start 2023/5/24 21:09:34　　　　　　　　　　A 相　　　　**更改相**

Mean (8): TD 0.45 E-3, Std. Dev. 0.00 E-3, 8.7 kVrms, 4.518 mArms, 0.1 Hz, 824 nF

#	TD [E-3]	电压 [rms]	电流 [rms]	加载 Cap.	持续时间
1	0.5	8.7 kV	4.518 mA	824 nF	10 s
2	0.5	8.7 kV	4.518 mA	824 nF	20 s
3	0.5	8.7 kV	4.518 mA	824 nF	30 s
4	0.5	8.7 kV	4.518 mA	824 nF	40 s
5	0.5	8.7 kV	4.518 mA	824 nF	50 s
6	0.5	8.7 kV	4.518 mA	824 nF	1 m 00 s
7	0.4	8.7 kV	4.518 mA	824 nF	1 m 10 s
8	0.4	8.7 kV	4.518 mA	824 nF	1 m 20 s

图 9–20　测试数据界面

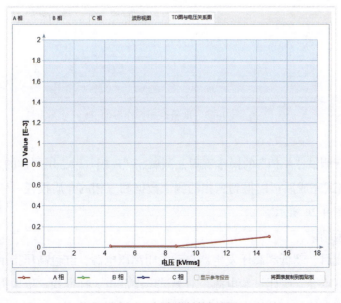

图 9–21　自动绘制数据界面

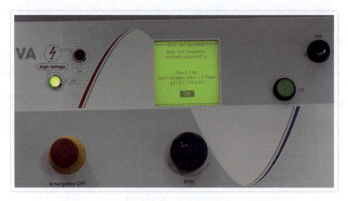

图 9–22   关闭超低频高压发生器，准备换相

按下红色急停按键，关闭安全钥匙，对电缆放电，挂地线；将高压线换至"B相"，"A相""C相"短接并接地。

操作软件界面点击"B相"，此时弹出询问是否要更换到"B相"，点击"是"换相完成；换相必须手动操作，若不操作，系统不能自动识别相序，会将上一次数据覆盖掉，如图9-23所示。

图 9–23   准备换相操作界面

继续执行测试"A相"的操作流程，测试完"B相"后，用同样的方法测试"C相"。三相测试完成后可以得到三相的测试数据和三相的介质损耗——电压函数关系曲线，如图9-24所示。

（7）试验结束。

测试完成后，超低频高压发生器自动关闭高压电源，红色高压指示灯熄灭，绿色电源指示灯点亮。关闭试验电源，对测试电缆放电，挂地线，依次拆除高压线、接地线。测试电缆三相绝缘电阻值，与试验前应无明显差别，如图9-25所示。

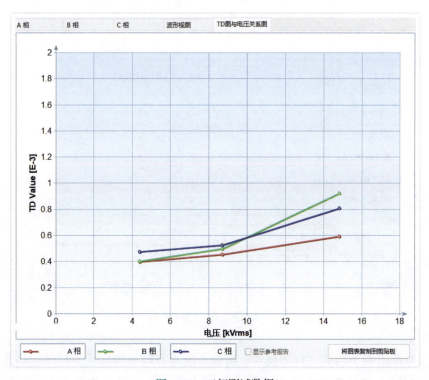

| A 相 | B 相 | C 相 | 波形视图 | TD图与电压关系图 |

系统使用 SN: GH5300.13A020

Start 2023/5/24 21:07:38　　　　　　　　　　　A 相　　　**更改相**
Mean (7): TD 0.39 E-3, Std. Dev. 0.00 E-3, 4.4 kVrms, 2.285 mArms, 0.1 Hz, 824 nF

#	TD [E-3]	电压 [rms]	电流 [rms]	加载 Cap.	持续时间
1	0.4	4.4 KV	2.285 mA	824 nF	10 s
2	0.4	4.4 KV	2.285 mA	824 nF	20 s
3	0.4	4.4 KV	2.285 mA	824 nF	30 s
4	0.4	4.4 KV	2.285 mA	824 nF	40 s
5	0.4	4.4 KV	2.285 mA	824 nF	50 s
6	0.4	4.4 KV	2.285 mA	824 nF	1 m 00 s
7	0.4	4.4 KV	2.285 mA	824 nF	1 m 10 s

Start 2023/5/24 21:09:34　　　　　　　　　　　A 相　　　**更改相**
Mean (8): TD 0.45 E-3, Std. Dev. 0.00 E-3, 8.7 kVrms, 4.518 mArms, 0.1 Hz, 824 nF

#	TD [E-3]	电压 [rms]	电流 [rms]	加载 Cap.	持续时间
1	0.5	8.7 KV	4.518 mA	824 nF	10 s
2	0.5	8.7 KV	4.518 mA	824 nF	20 s
3	0.5	8.7 KV	4.518 mA	824 nF	30 s
4	0.5	8.7 KV	4.518 mA	824 nF	40 s
5	0.5	8.7 KV	4.518 mA	824 nF	50 s
6	0.5	8.7 KV	4.518 mA	824 nF	1 m 00 s
7	0.4	8.7 KV	4.518 mA	824 nF	1 m 10 s
8	0.4	8.7 KV	4.518 mA	824 nF	1 m 20 s

Start 2023/5/24 21:12:00　　　　　　　　　　　A 相　　　**更改相**
Mean (6): TD 0.59 E-3, Std. Dev. 0.01 E-3, 14.8 kVrms, 7.683 mArms, 0.1 Hz, 824 nF

#	TD [E-3]	电压 [rms]	电流 [rms]	加载 Cap.	持续时间
1	0.6	14.8 KV	7.683 mA	824 nF	10 s
2	0.6	14.8 KV	7.683 mA	824 nF	20 s

图 9-24　三相测试数据

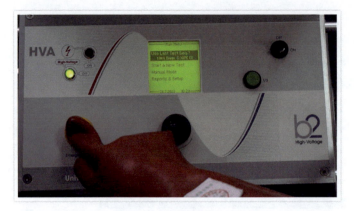

图9-25 关闭高压电源

（8）保存报告。

单击测试程序右下角的"保存报告"按钮，弹出对话框，在相应处填写文件名。若不填写，则系统按照录入的线路名称自动保存，如图9-26所示。

图9-26 保存报告

（9）单击右下角的"打印报告"按钮，选择打印报告样式。打印的格式选择"PDF格式"，输入保存文件名称，选择保存的文件夹目录保存即可，如图9-27所示。

A相 总结: 0.1 Hz, 823.6 nF

电压 [kVrms]	4.4	8.7	14.8				
TD Value [E-3]	0.39	0.45	0.59				
Std. Dev. [E-3]	0.00	0.00	0.01				

B相 总结: 0.1 Hz, 823.7 nF

电压 [kVrms]	4.4	8.7	14.8				
TD Value [E-3]	0.40	0.50	0.92				
Std. Dev. [E-3]	0.00	0.00	0.01				

C相 总结: 0.1 Hz, 823.1 nF

电压 [kVrms]	4.4	8.7	14.8				
TD Value [E-3]	0.47	0.52	0.81				
Std. Dev. [E-3]	0.00	0.00	0.02				

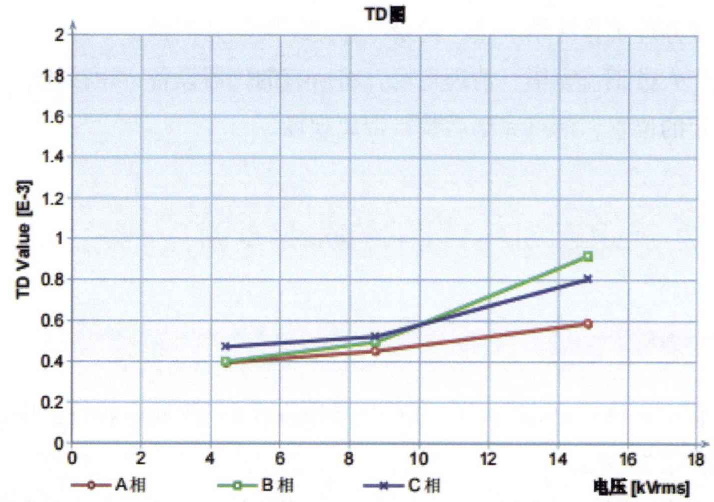

用TD控制中心，b2electronic GmbH打印

图 9–27　打印报告

6. 试验结果分析

根据 Q / GDW 11838—2018《配电电缆线路试验规程》所规定的标准值来判断测试结果是否合格，如图 9-28 所示。

电压形式	$1.0U_0$ 下介损值标准偏差 [10^{-3}]	逻辑关系	$1.5U_0$ 与 $0.5U_0$ 超低频介损平均值的差值 [10^{-3}]	逻辑关系	$1.0U_0$ 下介损平均值 [10^{-3}]	评价结论
超低频正弦波电压	＜ 0.1	与	＜ 5	与	＜ 4	正常
	0.1~0.5	或	5~80	或	4~50	注意
	＞ 0.5	或	＞ 80	或	＞ 50	异常

图 9–28　标准要求值

依据 Q／GDW 11838—2018，基于"$1.5U_0$下介损平均值和 $0.5U_0$ 下介损平均值之差""$1.0U_0$ 下介损值标准偏差""$1.0U_0$ 下介损平均值"3 个指标作为电缆绝缘老化的判断依据，得出正常状态、注意状态、异常状态 3 种状态，并相应地制定"无需采取行动""建议进一步测试""立即采取检修行动"3 个等级的检修策略。正常状态下，不需要采取措施；注意状态时，建议一定时期后进行复测；异常状态时，建议对电缆或电缆接头进行检修处理。

三、作业结束

（1）正确办理工作终结手续，记录工作终结时间并汇报。

（2）工作人员工作完毕，清理现场，将所有的仪器设备、短接线、工器具等整理后放在指定的位置，清点完毕后装箱带离现场。

第三节　安全措施及注意事项

一、安全规程

测试过程中应该严格遵守《电力安全操作规程》，按规定履行工作许可手续，严格执行工作报告制度。

工作负责人对工作班成员进行技术交底，使参与工作的所有人员都清楚自己的工作内容、工作位置和安全风险点及预防措施。

每次测试前，要严格执行对测试电缆验电、放电、挂地线的安全操作流程。

电缆末端要有人看护，防止非工作人员进入高压区域。

二、注意事项

（1）该试验宜结合停电来开展。

（2）宜重点对超过一定年限，且通道环境较差的电缆进行测试；宜对电缆绝缘情况进行长期监测并生成一个历史记录，通过测试数据分析，评定电缆绝缘状态，以确定如何进行下一步计划和安排。

（3）因试验时需要拆卸插拔头等终端设备，宜备好所测设备的插拔头等终端备品。

思考与练习

一、单选题

1.超低频介损试验过程中，每一个步骤试验时间为（　）min。

A. 2　　　　　　　　B. 4　　　　　　　　C. 6　　　　　　　　D. 8

2.测量电缆三相对地绝缘电阻和每相之间的绝缘电阻，使用不小于（　）V 绝缘电阻表。

A. 1000　　　　　　B. 1500　　　　　　C. 2000　　　　　　D. 2500

3.超低频介损试验前，被试电缆的绝缘电阻应不小于（　）MΩ，否则应停止测试。

A. 10　　　　　　　B. 20　　　　　　　C. 30　　　　　　　D. 40

二、多选题

1.在 0.1Hz 超低频正弦电压下进行超低频介损测试，对被测电缆施加（　）几个电压步骤。

A. $0.5U_0$　　　　B. $1.0U_0$　　　　C. $1.5U_0$　　　　D. $2.0U_0$

2.0.1Hz 超低频正弦电压下进行超低频介损测试，测量结果给出（　）。

A. TD 平均值　　　　　　　　　　B. TD 差值

C. TD 标准偏差　　　　　　　　　D. 介损值随测试电压变化曲线

3.测试线连接步骤中，将高压单元靠近待测电缆，并清除（　）周围 20cm 以内的金属物体。

A. 高压单元　　　B. 电缆两端　　　C. 放电棒　　　D. 补偿电容

三、判断题（认为正确的在括号内画"√"，错误的在括号内画"×"）

1.超低频介损测量装置本身不会产生任何高压，但它的确是在高压电源施加到它身上的电压下工作的。（　）

2.在整个测试过程中，电缆末端始终保持开路并悬空。（　）

3.超低频介损测量装置的高压电源输出频率为 0.1Hz 的正弦波。（　）

第十章　10kV 电缆振荡波局放测试技术

第一节　作业梗概

一、人员组合

本项目需 3 人，具体分工见表 10-1。

表 10–1 人员具体分工

人员分工	人数 / 人
监护人	1
操作人	2

二、主要工器具及材料

主要工器具、材料见表 10-2。

表 10–2　　　　　　　　　　主要工器具、材料

序号	工器具名称		参考图	规格型号或检验周期	数量	备注
1	个人工具	安全帽		塑料安全帽，检验每年一次，超过 30 个月应报废；安全帽各部分齐全、无损	3 顶	
2	仪表	绝缘电阻表		2500V 绝缘电阻表检验周期 5 年	1 块	

（续表）

序号	工器具名称		参考图	规格型号或检验周期	数量	备注
3	工器具	绝缘手套		10kV，每6个月试验1次		
4	仪器	高压单元			1台	
5	仪器	补偿电容		无局部放电电容器，与高压单元配套使用	1台	
6	仪器	笔记本电脑			1台	
7	仪器	局部放电校准器			1台	
8	仪器	高压控制盒			1台	
9	仪器	测试线		网线、接地线、高压线	1套	

（续表）

序号	工器具名称		参考图	规格型号或检验周期	数量	备注
10	仪器	连接附件		10kV 50mm² 电缆中间头附件	1套	
11	标示牌	标志牌		禁止标志牌，指示标志牌	2块	
12	工具	10kV 验电器			1个	
13	工具	放电棒			1个	
14	工具	万用表			1个	

第二节　操作过程

一、作业前准备

1.准备着装及防护

（1）安全帽检查。

1）佩戴前，应检查安全帽各配件有无破损，装配是否牢固，帽衬调节部分是否卡紧，插口是否牢靠，绳带是否系紧等。

2）根据使用者头的大小，将帽箍长度调节到适宜位置（松紧适度）。

3）安全帽在使用时受到较大冲击后，无论是否发现帽壳有无明显的断裂纹或变形，都应停止使用，更换受损的安全帽。一般 ABS 材质安全帽的使用期限不超过 2.5 年。

（2）穿戴正确（见图 9-1）。

1）需要检查并佩戴安全帽，帽子在检验有效期内、外观无破损，松紧适合、安全帽三叉帽带系在耳朵前后并系紧下颌带。

2）穿着全棉长袖工作服、棉质纱线手套，穿着整洁，扣好衣扣、袖扣、无错扣、痛扣、掉扣、无破损。

3）穿着绝缘鞋，鞋带绑扎扎实整齐，无安全隐患。

2. 准备仪器及工具

本次作业所需要的仪器及工具（见图 10-1）如下。

（1）高压单元 1 台。

（2）耦合电容 1 台。

（3）绝缘电阻测试仪 1 台。

（4）笔记本电脑 1 台。

（5）局部放电校准器 1 个。

（6）高压控制盒 1 个。

（7）测试线 1 套（网线、接地线、高压线）。

图 10-1　仪器及工具

（8）连接附件 1 箱。

（9）10kV 验电器，放电棒，绝缘手套。

（10）万用表 1 个。

3. 仪器检查

校准器电量充足，功能正常。仪器仪表及安全工器具均检定合格并在有效期内，如图 10-2 所示。

图 10–2　工器具及仪表检查

4. 办理工作票

振荡波局部放电测试需要办理第一种工作票。

5. 检查安全措施

（1）目标电缆安全措施。

目标电缆两侧芯线都已经和其他电气设备完全摘除并保持屏蔽接地，如图 10-3 所示。

图 10–3　目标电缆安全措施

（2）设置安全围栏。

在工作地点周围设置围栏，在围栏入口处悬挂"从此进出"标志牌，向外悬挂"止步　高压危险"标志牌，如图 10-4 所示。

图 10-4　设置安全围栏

二、作业过程

1. 召开班前会

工作负责人召集工作人员召开班前会，交代工作任务，进行安全技术交底，并分析作业风险。

本次作业的风险有以下 3 项。

（1）行为危害，预控措施。

按规定履行工作许可手续，严格执行工作报告制度；工作负责人对工作班成员进行技术交底。

（2）人身伤害，预控措施。

测试地点临近或者穿过车行道，在测试两端设立安全围栏和警示标识，或在穿过车行道时由专人进行安全监护。

（3）电击伤害，预控措施。

临近带电设备，应与检测区域外的临近带电设备保持足够的安全距离，检测前，应明确工作范围，严禁进入非工作区域。

2. 摆放工器具

工作人员将工作所需的工具、仪表、材料分类摆放整齐，工器具摆放在干净的防潮铺布上（工作台上），如图 10-2 所示。

3. 测量绝缘电阻

所用到的设备有绝缘电阻测试仪、短接线，10kV 验电器、10kV 放电棒。

（1）电缆验电、放电。

操作人员戴绝缘手套，手持验电器，对电缆三相逐一验电；将接地线接至放电棒"直放"挡，对电缆三相逐一放电，如图 10-5 所示。

图 10–5　目标电缆验电、放电

（2）电缆绝缘测量。

将电缆两端分开，相与相之间，以及与周边留出不小于 20cm 的安全距离；使用不小于 2500V 绝缘电阻表，测量电缆三相对地绝缘电阻和每相之间的绝缘电阻，如图 10-6 所示。

图 10–6　测量绝缘电阻

（3）绝缘电阻表红色高压线接电缆线芯，电缆非测试相短接接地，电缆对端悬空；绝缘电阻不小于 30MΩ，并做好记录，否则应停止测试，如图 10-7 所示。

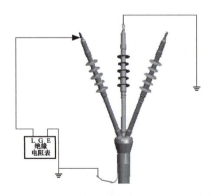

图 10–7　测量绝缘电阻

4. 电缆全长和接头位置校验

使用仪器：脉冲反射仪（闪测仪），脉冲输出线。使用脉冲反射仪（闪测仪）在电缆芯线之间或线芯与屏蔽之间测试电缆全长和接头位置，如图 10-8 所示。

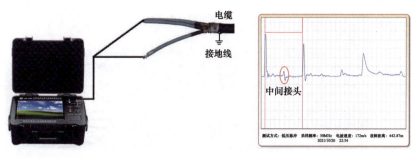

图 10-8 电缆全长和接头位置校验

5. 测试线连接

测试设备包含高压单元、高压连接电缆安全控制盒、校准器、放电棒，以及笔记本电脑等。在对振荡波局部放电测试进行设置前请参考相关的安全守则。高压单元和被测试电缆通过无局部放电的高压电缆连接，非测试相和屏蔽全部接地。振荡波测试接线示意图如图 10-9 所示。

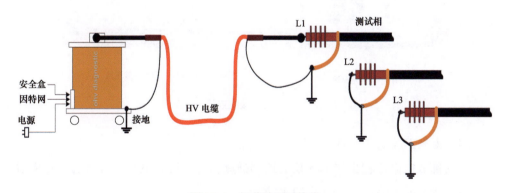

图 10-9 振荡波测试接线

（1）接地。

将高压单元靠近待测电缆，并清除高压单元、电缆两端周围 20cm 以内的金属物体。

将高压单元接地端子用 25mm^2 透明护套接地线与变电站地网连接；放电棒接地。

电缆非测试相和两端屏蔽层接地。

无局部放电高压同轴电缆两端屏蔽接地。

降频电容接地（如果有）。

（2）网络线连接。

将高压单元和笔记本电脑用网络线连接，如图 10-10 所示。

图 10-10　网络线连接

（3）接线连接。

将高压控制盒插入高压单元底部相应的插孔，如图 10-11 所示。

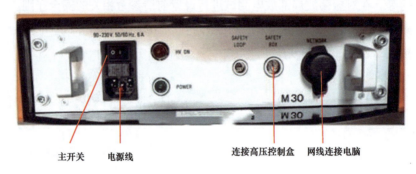

主开关　电源线　　　　　连接高压控制盒　网线连接电脑

图 10-11　接线连接

（4）无局部放电高压输出线与地线接线。

无局部放电高压输出线插入仪器顶部插座，另一端和电缆 A 相连接，电缆其余两相短接和屏蔽层接地，如图 10-12 所示。

图 10-12　无局部放电高压输出线与地线接线

（5）补偿电容连接。

若电缆较短（小于300m），则需要接入补偿电容，以降低过高的测试频率，如图 10-13 所示。

图 10–13 补偿电容连接

（6）开机。

将 220V 试验电源接入高压单元，接入前应用万用表核对电源电压。

打开电源开关，绿色电源指示灯应点亮。

将高压控制盒红色急停按钮弹起，安全钥匙向右打开到"1"的位置，此时高压控制盒绿色指示灯点亮，如图 10-14 所示。

 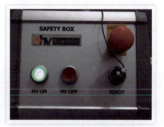

图 10–14 开机

6.测试设置（以 OHV 设备为例，其余设备参考设备说明手册）

（1）启动测试程序。

双击图标，打开电脑桌面振荡波局部放电测试程序（见图 10-15）。

（2）高压单元和测试程序联机。

单击"连接概述"，进入联机界面，单击"连接到设备"，显示连接到设备的注意事项，确认无误后，单击"OK"按钮，测试程序和高压单元联机成功，如图 10-16 所示。

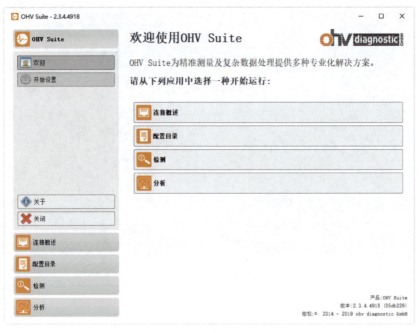

图 10-15　测试设置

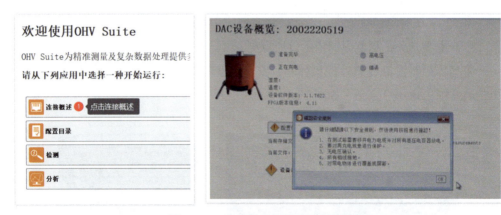

图 10-16　高压单元和测试程序联机

若连接不成功则显示如图 10-17 所示的界面，此时要检查：高压控制盒急停按钮是否弹起；控制钥匙是否处于"1"的位置；设备 IP 地址是否正确。

（3）录入电缆测试信息。

单击"配置目录"，将电缆位置信息、电缆基本信息、测试人员信息、加压流程信息录入配置目录里面；如果知道这些信息，可以在测试前提前录入，以节省现场的测试时间，如图 10-18 所示。

加压流程是根据相关规定设定好的，相关标准参考 Q/GDW 11838—2018《配电电缆线路试验规程》、DL/T 1576—2016《6kV ~ 35kV 电缆振荡波局部放电测试方法》。加压流程如图 10-19 所示。

图 10-17 连接不成功界面

图 10-18 录入电缆测试信息

电压形式	最高试验电压		最高试验电压激励次数/时长	试验要求	
	全新电缆	非全新电缆		新投运电缆部分	非新投运电缆部分
振荡波电压	2.0U_o	1.7U_o	不低于 5 次	起始局部放电电压不低于 1.2U_o；本体局部放电检出值不大于 100pC；接头局部放电检出值不大于 200pC；终端局部放电检出值不大于 2000pC	本体局部放电检出值不大于 100pC；接头局部放电检出值不大于 300pC；终端局部放电检出值不大于 3000pC
超低频正弦波电压	3.0U_o	2.5U_o	不低于 15min		
超低频余弦方波电压	2.5U_o	2.0U_o			

图 10-19 加压流程

针对已投运是指已运行的电缆，其加压的标准为 $1.7U_0$，针对新投运是指还未运行的新敷设电缆。

相对加压等级是指根据电缆的"相电压"来自动换算倍率施加试验电压。

绝对电压等级是按照输入到配置目录的电压等级施加试验电压。

优先选择相对加压等级。

7. 开始试验

（1）局放校准。

单击左侧"检测"，再单击底部"局放校准"进入校准界面，将局部放电校准器连接到电缆测试端，红夹子接测试相，黑夹子接电缆屏蔽接地端，如图 10-20 所示。

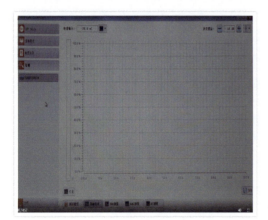

图 10-20　开始试验

一人打开校准器，根据测试人员的要求，将校准器置于 20000pC 挡位；测试人员得到校准器设置好的回复后，单击"校准"按钮，通过调整右上角的增益，使局放校准左侧出现绿色柱状，单击"保存"按钮，然后测试人员要求将校准器调整到下一挡，继续校准，直到所有的挡位都校准完毕。校准示意如图 10-21 所示。

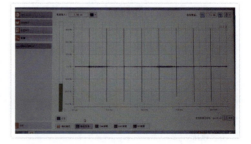

图 10-21　校准

异常信号校准：（a）为增益过低；（b）为增益过高，这些可以通过调整右上角的增益值来使校准结果变为（c）绿色图标，如图 10-22 所示。

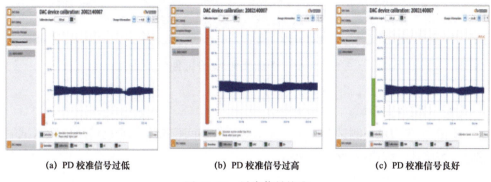

（a）PD 校准信号过低　　　　（b）PD 校准信号过高　　　　（c）PD 校准信号良好

图 10-22　异常信号校准

同一回电缆只需要校准一次即可。

（2）TDR 校准。

TDR 校准时先设置校准的最大范围，该范围的设置不宜太大，大于电缆的实际长度即可；校准器置于最高挡位 20000pC，单击"校准"按钮即可，通过调整增益获得稳定的波形后，单击"保存"按钮，校准过程完成，如图 10-23 所示。

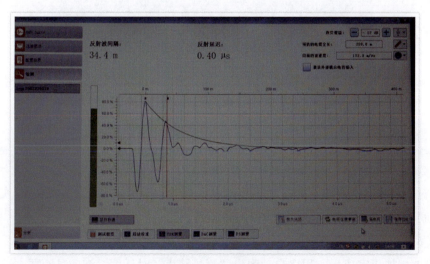

图 10-23　TDR 校准

（3）移除校准器。

移除校准器，测试人员按下绿色按键，红色高压指示灯点亮，此时高压单元底部高压指示灯点亮，进入准备升压阶段，如图 10-24 所示。

图 10–24　移除校准器、升压准备

（4）局部放电测试。

单击底部"DAC 测试"按钮，弹出对话框询问校准器是否已经从电缆测试端移除。若确认，则单击"OK"按钮。

（5）L1 相加压测试。

在选择电缆相线中选择要测试的相序，选择测试电缆相序为"L1"，即为 A 相。若选择完成后，高压单元即刻按照设置的加压流程开始升压，此时应再一次确认安全措施，如图 10-25 所示。

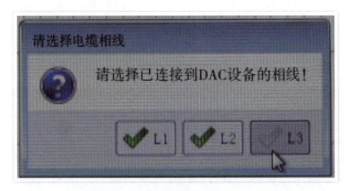

图 10–25　L1 相加压测试

选择加压相序后，高压单元即刻按照设定好的测试流程加压测试。

对于新投运电缆加压次数为每相 19 次，已投运电缆加压次数为每相 15 次，测试时间每相大约需要 15min，如图 10-26 所示。

（6）切换相序。

L1 相加压完成后，程序自动弹出"测量结束"对话框，询问是否要"继续进行下一等级加压"，单击该按钮确认即可，弹出"L1"相已经测试结束，提示须关闭高压输出，如图 10-27 所示。

测试完毕，按下急停按钮（见图 10-28），此时，高压单元和高压控制盒高压指示灯全部熄灭。测试程序中此时"高电压"和"已连接"显示关闭，不能关闭安全钥匙到"0"位，否则，测试程序重新从 L1 开始；用放电棒对电缆和高压单元

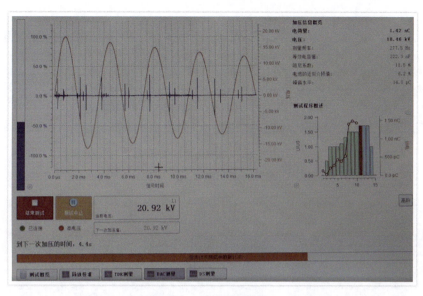

图 10-26　加压测试界面

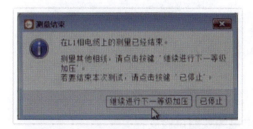 

图 10-27　切换相序

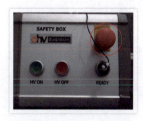 

图 10-28　测试完毕，按下急停按钮界面

进行放电，挂地线；将红夹子换至 B 相，并将 A、C 两相短接接地。

（7）L2、L3 相加压测试。

过程与 L1 相类似，如图 10-29 所示。

（8）试验完毕，拆除接线。

试验完毕，按下高压控制盒急停键，关闭安全钥匙，对高压单元和电缆进行放电，挂地线；按照顺序依次拆除高压电缆、安全控制盒、网线、接地线，如图 10-30 所示。

图 10–29　L2、L3 相加压测试

图 10–30　试验完毕，拆除接线

8. 数据分析

参考标准：Q/GDW 11838—2018《配电电缆线路试验规程》

DL/T 1576—2016《6kV～35kV 电缆振荡波局部放电测试方法》

DL/T 1932—2018《6kV～35kV 电缆振荡波局部放电测量系统检定方法》

（1）选择检测事件。

依次单击"分析"，选择检测事件，选择要分析的测试数据，然后单击右下角"分析此次检测事件"按钮，如图 10-31 所示。

（2）测试分析——概括。

此界面下的 4 组信息分别代表的是：

1）测试概览：电缆的线路名称长度、位置信息等；

2）电缆情况：电缆的长度和接头位置信息，通过 TDR 校验得知；

3）测试摘要：反映了该回路电缆电容量、测试频率、平均局部放电量等信息；

4）测试程序概述：反映了整个测试过程中的加压次数、升压倍率、每个倍率下局部放电量的大小。

通过以上数据，可以初步对电缆的局部放电状况进行分析，如图 10-32 所示。

（3）测试分析——测试。

在左侧一列测试窗口中选择每一个加压等级，右侧窗口显示的测试波形和底部

图 10-31 选择检测事件

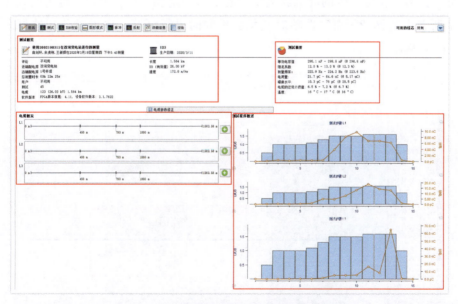

图 10-32 对电缆的局部放电量状况进行分析

的测试数据都与之相对应。在右上角"可用的线芯"下拉列表中选择"所有"选项，对三相数据同时进行浏览，也可以分相选择，如图 10-33 所示。

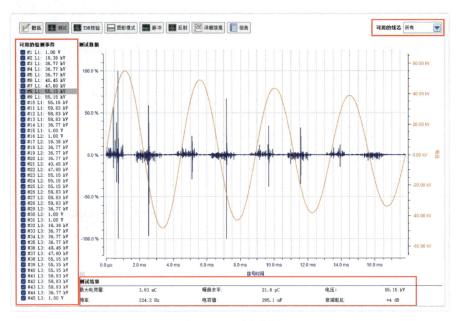

图 10-33　测试分析

（4）测试分析——图形模式。

该模式下，将左侧一列所选择的加压等级局部放电情况以一个周波显示出来。在第一、第三相位产生的局部放电要引起足够的重视。在右上角"可用的线芯"下拉列表中选择"所有"选项对三相数据同时进行浏览，也可以分相选择，如图 10-34 所示。

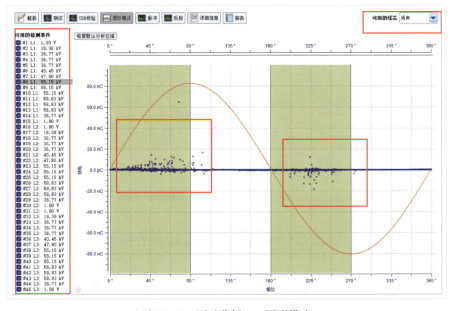

图 10-34　测试分析——图形模式

（5）测试分析——反射。

图 10-35 界面下反映了局部放电的位置和放电量大小。可以通过单击"寻找反射波"搜索按钮得到这些波形和数据。局放反射数据的分析是非常重要的。

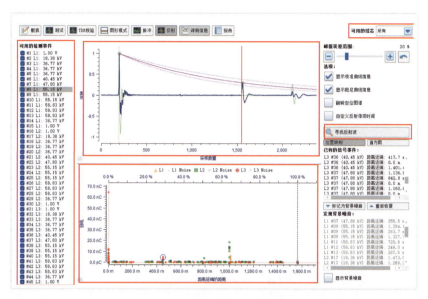

图 10-35　测试分析——反射

首先要寻找位置反射有没有出现柱状的局放点。若有，则将鼠标放在这些点上，按住"Ctrl+ 鼠标左键"，可以在上半部分得到被选择局部放电点的反射波形。该局部放电点的位置信息和局部放电量信息自动显示出来。也可通过鼠标左键框选局部放电点来进行放大，以更准确地定位位置信息，通过单击鼠标右键返回原始界面，如图 10-36 所示。

9.缺陷类型分析

配电电缆振荡波局部放电检测能够有效检测出以下 5 种典型局部放电缺陷：

（1）预制件安装不到位。

（2）刀痕缺陷。

（3）半导电层剥切不规整。

（4）高压尖端缺陷（连接管未打磨）。

（5）半导电带错用绝缘胶带。

10.系统网线连接

使用网线连接方式，笔记本电脑需使用固定 IP 地址，推荐 IP 地址为 192.168.150.60，子网掩码为 255.255.255.0。

双击系统"网络与共享中心"，勾选"Internet 协议版本 4"选项，然后单击"属性"按钮，最后单击"确定"按钮，如图 10-37 所示。

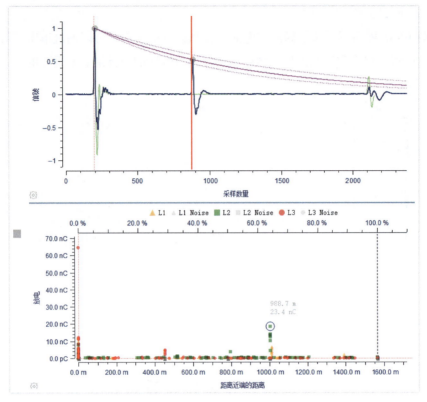

图 10-36　放大准确定位位置信息

单击"使用下面的 IP 地址"单选按钮，在"IP 地址"右侧的文本框中输入
"192.168.42.70"，在"子网掩码"右侧的文本框中输入"255.255.255.0"，完成设
置。设置完成后不要随意更改，以免造成测试系统联机不成功，如图 10-38 所示。

图 10-37　系统网线连接

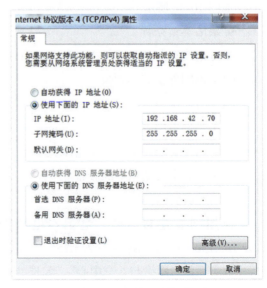

图 10-38　系统 IP 地址设置

三、作业结束

（1）正确办理工作终结手续，记录工作终结时间并汇报。

（2）工作人员工作完毕，清理现场，将所有的仪器设备、短接线、工器具等整理后放在指定位置，清点完毕后装箱带离现场。

第三节　安全措施及注意事项

安全措施及注意事项如下。

（1）测试过程中应该严格遵守《电力安全操作规程》，按规定履行工作许可手续，严格执行工作报告制度。

（2）工作负责人对工作班成员进行技术交底，使参与工作的所有人员都清楚自己的工作内容、工作位置和安全风险点及预防措施。

（3）每次测试前，要严格执行对测试电缆进行验电、放电、挂地线的安全操作流程。

（4）电缆末端要有人看护，防止非工作人员进入高压区域。

（5）振荡波局部放电是在电缆耐压下测试电缆的局部放电，所以绝缘电阻不合格时不应再继续测试。

（6）高压只有通过连接辅助安全控制盒才能被接通。当发生紧急情况时需要按下红色紧急开关来立即切断高压电源。

（7）在校准和高压测试过程中，只有当连接安全盒并且安全钥在转到"I"位置时才能进行校准和高压测试。请确保安全控制盒正确地和设备连接。

（8）因试验时需要拆卸插拔头等终端设备，宜备好所测设备的插拔头等终端备品。

（9）测试电缆段的长度小于 300m 时，应连接补偿电容，以降低测试频率。

（10）每套设备都有单独的 IP 地址，所以测试程序的 IP 地址不可以随意更改。

思考与练习

一、单选题

1. 电缆振荡波试验前应将电缆两端分开，相与相之间以及与周边留出不小于（　　）cm 的安全距离。

A. 10 　　　　　B. 20 　　　　　C. 30 　　　　　D. 40

2. 测量电缆三相对地绝缘电阻和每相之间的绝缘电阻，使用不小于（　　）V 绝缘电阻表。

A. 1000 　　　　B. 1500 　　　　C. 2000 　　　　D. 2500

3. 振荡波试验前，被试电缆的绝缘电阻应不小于（　　）MΩ，否则应停止测试。

A. 10 　　　　　B. 20 　　　　　C. 30 　　　　　D. 40

4. 若电缆小于（　　）m，则需要接入补偿电容，以降低过高的测试频率。

A. 100 　　　　　B. 200 　　　　　C. 300 　　　　　D. 400

5. 针对已投运是指已运行的电缆，其加压的标准为（　　）U_0。

A. 1.1 　　　　　B. 1.3 　　　　　C. 1.5 　　　　　D. 1.7

6. 明敷设电缆的接头应用托板托置固定，直埋电缆的接头盒外面应有防止机械损伤的（　　）。

A. 防爆盒 　　　　B。保护盒 　　　　C. 防水盒 　　　　D. 保护板

二、多选题

1. 试验完毕，拆除接线时应一次拆除（　　）。

A. 高压电缆 　　　B. 安全控制盒 　　　C. 网线 　　　　D. 接地线

2. 配电电缆振荡波局部放电检测能够有效检测出以下典型局部放电缺陷：（　　）。

A. 预制件安装不到位 　　　　　　　B. 刀痕缺陷

C. 半导电层剥切不规整 　　　　　　D. 高压尖端缺陷（连接管未打磨）

E. 半导电带错用绝缘胶带

3. 测试线连接步骤中，将高压单元靠近待测电缆，并清除（　　）周围 20cm 以内的金属物体。

A. 高压单元 　　　B. 电缆两端 　　　C. 放电棒 　　　　D. 补偿电容

三、判断题（认为正确的在括号内画"√"，错误的在括号内画"×"）

1. 测量绝缘电阻时，电缆非测试相短接接地，电缆对端悬空。（　　）

2. 使用脉冲反射仪（闪测仪）时，应在电缆芯线之间或线芯与屏蔽之间测试电缆全长和接头位置。（　　）

3. 高压单元和被测试电缆通过无局部放电的高压电缆连接，非测试相和屏蔽不能全部接地。（　　）

4. 将 220V 试验电源接入高压单元，接入前应用万用表核对电源电压。（　　）

5. 若设备通电后连接不成功，不用检查设备 IP 地址是否正确。（　　）

思考与练习参考答案

第一章　10kV 电缆熔接中间头制作技术

一、单选题

1	2	3	4	5	6	7	8	9	10
B	C	C	C	B	B	B	D	D	D

二、多选题

1	2	3	4	5	6	7	8	9	10
ABC	ABCD	ABCD	ABCD	ABCD	ABCD	ABCD	AB	ACD	ABD

三、判断题

1	2	3	4	5	6	7	8	9	10
√	√	√	×	×	√	√	√	√	×

四、简答题

1. 电力电缆的基本结构一般由哪几部分组成？

答：电力电缆的基本组成有导体、绝缘层、屏蔽层和保护层三部分。

2. 电缆屏蔽层有何作用？

答：（1）在导体表面加一层半导电材料的屏蔽层，它与被屏蔽的导体等电位，并与绝缘层良好接触，从而可避免在导体与绝缘层之间发生局部放电。这层屏蔽又称为内屏蔽层。

（2）在绝缘层表面加一层半导电材料的屏蔽层，它与被屏蔽的绝缘层有良好接触，与金属护套等电位，从而可避免在绝缘层与护套之间发生局部放电。这层屏蔽又称为外屏蔽层。

（3）在正常运行时通过电容电流；当系统发生短路时，作为短路电流的通道，同时也起到屏蔽电场的作用。

3. 电缆直埋敷设的特点是什么？

答：（1）优点：投资小、施工方便、散热条件好。

（2）缺点：易遭受机械外力损坏、周围土壤的化学或电化学腐蚀、白蚁和老鼠危害、查找故障和检修电缆较困难。

（3）适用环境：地下无障碍，土壤中不含严重酸、碱、盐腐蚀性介质，电缆根数较少的场合。

（4）电压等级：一般适用于中低压电缆的敷设，35kV 及以下铠装电缆一般采用直埋敷设。

4. 电缆隧道敷设的特点是什么？

答：（1）电缆隧道应具有照明、排水装置，并采用自然通风和机械通风相结合的通风方式。隧道内还应具有烟雾报警、自动灭火、灭火箱、消防栓等消防设备。

（2）电缆敷设于隧道中，消除了外力损坏的可能性，对电缆的安全运行十分有利，但是隧道的建设投资较大，建设周期较长。

5. 简述在开启电缆井井盖、电缆沟盖板及电缆隧道入孔盖时应采取的安全措施。

答：（1）开启电缆井井盖、电缆沟盖板及电缆隧道入孔盖时应注意站立位置，以免坠落。

（2）开启电缆井井盖应使用专用工具。

（3）开启后应设置遮栏（围栏），并派专人看守。

（4）作业人员撤离后，应立即恢复。

6. 电缆着火或电缆终端爆炸应如何处理？

答：（1）立即切断电源。

（2）用干式灭火器进行灭火。

（3）室内电缆故障，应立即启动事故排风扇。

（4）进入发生事故的电缆仓（室）应使用空气呼吸器。

7. 电力电缆有哪几种常用敷设方式？

答：（1）直埋敷设。

（2）排管敷设。

（3）隧道敷设。

（4）电缆沟敷设。

（5）架空及桥梁架构敷设。

（6）水下敷设。

8.城市电网哪些地区宜采用电缆线路？

答：（1）依据城市规划，繁华地区、住宅小区和市容环境有特殊要求的地区。

（2）街道狭窄，架空线路走廊难以解决的地区。

（3）供电可靠性要求较高的地区。

（4）电网结构需要采用电缆的地区。

9.配电网电缆线路应在哪些部位装设电缆标志牌？

答：（1）电缆终端及电缆接头处。

（2）电缆管两端、入孔及工作井处。

（3）电缆隧道内转弯处、电缆分支处，直线段每隔 50～100m。

10.敷设在哪些部位的电力电缆选用阻燃电缆？

答：（1）敷设在防火重要部位的电力电缆，应选用阻燃电缆。

（2）敷设在变电站、配电站及发电厂电缆通道或电缆夹层内，自终端起到站外第一只接头的一段电缆，宜选用阻燃电缆。

第二章 10kV 电缆冷缩中间头制作技术

一、单选题

1	2	3	4	5	6	7	8	9	10
B	C	A	B	B	B	D	A	D	C

二、多选题

1	2	3	4	5	6	7	8	9	10
ACD	ABCD	ABC	BC	ABD	ACD	ABC	BC	BCDE	ABD

三、判断题

1	2	3	4	5	6	7	8	9	10
√	√	√	√	×	√	×	√	√	×

第三章　10kV 电缆冷缩终端头制作技术

一、单选题

1	2	3	4	5	6	7	8	9	10
B	C	D	B	B	C	D	B	C	A

二、多选题

1	2	3	4	5	6	7	8	9	10
ABCD	ABC	ACD	ABC	ABCD	ABCD	ABCD	BC	ABD	ABCDE

三、判断题

1	2	3	4	5	6	7	8	9	10
√	×	√	×	×	√	×	√	√	√

四、简答题

1. 对电缆的存放有何要求？

答：（1）电缆应储存在干燥的地方。

（2）有搭盖的遮棚。

（3）电缆盘下应放置枕垫，以免陷入泥土中。

（4）电缆盘不得平卧地放置。

2. 制作安装电缆接头或终端头对气象条件有何要求？

答：（1）制作安装应在良好的天气下进行。

（2）尽量避免在雨天、风雪天或湿度较大的环境下施工。

（3）同时还有防止尘土和外来污物的措施。

第四章　0.4kV 电缆冷缩中间头制作技术

一、单选题

1	2	3	4	5	6	7	8	9	10
B	C	B	D	C	B	D	D	B	A

二、多选题

1	2	3	4	5	6	7	8	9	10
ABC	ABCD	ABCD	ABCD	ABCD	ABCD	ABD	ABCD	ABD	AD

三、判断题

1	2	3	4	5	6	7	8	9	10
√	√	√	×	×	√	√	√	√	√

第五章 0.4kV 电缆冷缩终端头制作技术

一、单选题

1	2	3	4	5	6	7	8	9	10
C	A	A	B	A	C	B	A	C	A

二、多选题

1	2	3	4	5	6	7	8	9	10
ACD	ABD	ABD	ABCD	AD	ABC	ABC	ACD	BD	AC

三、判断题

1	2	3	4	5	6	7	8	9	10
×	×	×	√	√	×	×	×	√	×

第六章 10kV 电缆故障测试技术

一、单选题

1	2	3
A	C	A

二、多选题

1	2	3
ABCD	AC	ABC

三、判断题

1	2	3
√	×	√

第七章 10kV 电缆路径查找技术

一、单选题

1	2	3
B	A	B

二、多选题

1	2	3
BCD	AC	BCD

三、判断题

1	2	3
√	√	√

第八章　10kV 电缆识别技术

一、单选题

1	2	3
A	D	A

二、多选题

1	2	3
ABCD	AB	ACD

三、判断题

1	2	3
×	√	√

第九章　10kV 电缆超低频介损测试技术

一、单选题

1	2	3
B	D	C

二、多选题

1	2	3
ABC	ABC	ABD

三、判断题

1	2	3
×	√	√

第十章　10kV 电缆振荡波局放测试技术

一、单选题

1	2	3	4	5	6
B	D	C	A	D	B

二、多选题

1	2	3
ABC	BCDE	ABD

三、判断题

1	2	3	4	5
√	√	×	√	√